Axel Gutjahr

EINFACHE UND SCHNELLE SELBSTVERSORGUNG

Voraussetzungen, Tierhaltung, Anbauportraits, Konservierung

Land & WERKEN

HEEL

HEEL Verlag GmbH
Gut Pottscheidt
53639 Königswinter
Tel.: 02223 9230-0
Fax: 02223 9230-13
E-Mail: info@heel-verlag.de
www.heel-verlag.de

Autor: Axel Gutjahr
Satz und Gestaltung: gb-s, Königswinter
Coverdesign: Axel Mertens, Königswinter
Projektleitung: Helge Wittkopp
Lektorat: Peter Diekmann

Folgt gerne auch dem
Heel Verlag unter

www.instagram.com/heelverlag

www.facebook.com/heelverlag

www.youtube.com/heelverlag

@heelverlag

@heelverlag

Fotos:
© Cornelia Gutjahr
Mit Ausnahme von:
© Fotolia.de: Martina Berg (U1 o l), c.moulton (U1 o r), Natasha Breen (U1 u l),)WavebreakmediaMicro (U1 u r), coco (S. 6 o, U4 u r), Friedberg (S. 6 u), vulkanismus (S. 8, U4 o l), Maria (S. 9), Milan (S. 10, S. 115), M. Schuppich (S. 11), Fiedels (S. 13 u), Elenathewise (S. 15, S. 95), schulzie (S. 18 u, U4 u l), Schlegelfotos (S. 20), natara (S. 25), Viesturs Kalvans (S. 26), WF Seydlbast (S. 28 o), AleksFil (S. 20 hinten), ciuli (vorne), Robert Przybysz (S. 34 o), Carola Schubbel (S. 36), ScullyPictures (S. 37 vorne), Nitr (S. 42), am13photo (S. 43 o), Büro Z (S. 44), lovelymama (S. 45 vorne), lily_rocha (S. 46), Sunny Forest (S. 47), ifiStudio (S. 48), Costas (S. 49 o), orestligetka (S. 50 o, S. 70 o), barmalini (S. 50 u), Ruckszio (S. 52 u), Harmony Video Pro (S. 56 u), alisseja (S. 57 o), tchara (S. 57 u), DLeonis (S. 58 o), dean (S. 59 o), uppichaya (S. 60 u), Lubos Chlubny (S. 62 o), Africa Studio (S. 64 u), Botanik Guide (S. 65 o), focus finder (S. 68, U4 u M), Kalle Kolodziej (S. 69 o), Elena (S. 69 u), Tamara Kulikova (S. 71 o), phanthit malisuwan (S. 74 o), sonyachny (S. 75 o), breakingthewalls (S. 76 o), Tatiana Belova (S. 77 o), mythja (S. 82), mahey (S. 83 o), Dusan Kostic (S. 83 u), LianeM (S. 84 o), SusaZoom (S. 84 u), foxytoul (S. 85 u), vaitekune (S. 87 o), Vadim (S. 92 o), goodcatfelix (S. 92 u), koss13 (S. 93), sonyakamoz (S. 94), vladdeep (S. 96 o), foodinaire (S. 96 M), Ольга Гарапова (S. 97), exclusive-design (S. 98), M.studio (S. 5 ,(99ph (S. 103 o, S. 110, U4 l M), HandmadePictures (S. 104 u), Elena Moiseeva (S. 105 o), udra11 (S. 105 u), Shmel (S. 107), iuliia_n (S. 109), Lumixera (S. 113), desertsands (S. 114)
© Benno Müller: S. 117

Printed in Croatia

ISBN 978-3-96664-565-2

Land & WERKEN

AXEL GUTJAHR

EINFACHE UND SCHNELLE SELBSTVERSORGUNG

VORAUSSETZUNGEN, TIERHALTUNG, ANBAUPORTRAITS, KONSERVIERUNG

HEEL

INHALT

Vorwort 6

WIE VIEL IST MÖGLICH? 8

Der Faktor „Zeit" 10
Der Faktor „Fläche" 12
Der Faktor „Bodenqualität" 15
- Leichter Boden 16
- Mittelschwerer Boden 17
- Schwerer Boden 17

Der pH-Wert 18
Der Kompost 19
Der Wasserbedarf 21
Der Faktor „Lagerkapazität" 25
Voraussetzungen für eine Tierhaltung 30
- Hühnerhaltung kompakt 31
- Kaninchenhaltung kompakt 36
- Bienenhaltung kompakt 40

Gratisprodukte aus der Natur 43

ANBAUPORTRAITS VON GEMÜSE, KARTOFFELN, KRÄUTERN UND OBST 46

Gemüse und Kartoffeln 48
- Artischocke 49
- Aubergine 49
- Blumenkohl 50
- Brokkoli 50
- Buschbohne 51
- Chinakohl 51
- Erbse 52
- Feldsalat 52
- Grünkohl 53
- Gurke 53
- Karotte 54
- Kartoffel 54
- Knollensellerie 55
- Kohlrabi 55
- Kopfsalat 56
- Kürbis 56
- Mangold 57
- Melone 57
- Paprika 58
- Pastinake 58
- Porree 59
- Puffbohne 59
- Radieschen 60
- Rattenschwanzwürze 60
- Rettich 61
- Rhabarber 61
- Rosenkohl 62
- Rote Bete 62
- Rotkohl 63
- Schwarzwurzel 63
- Spinat 64
- Spargel 64
- Stangenbohnen 65
- Tomate 65
- Weißkohl 66
- Wirsing 66
- Zucchini 67
- Zwiebel 67

Kräuter 68
- Bärlauch 69
- Basilikum 69
- Beifuß 70
- Bohnenkraut 70
- Borretsch 71
- Dill 71
- Estragon 72
- Gartenkresse 72

Kapuzinerkresse 73
Knoblauch 73
Koriander 74
Kraut der Unsterblichkeit 74
Kümmel 75
Liebstöckel 75
Majoran 76
Meerrettich 76
Oregano 77
Petersilie 77
Pfefferminze 78
Rosmarin 78
Echter Salbei 79
Schnittlauch 79
Süßdolde 80
Thymian 80
Waldmeister 81
Zitronenmelisse 81

Obst 82

Apfel 83
Aprikose 83
Aroniabeere 84
Birne 84
Brombeere 85
Erdbeere 85
Hasel 86
Heidelbeere 86
Himbeere 87
Johannisbeere 87
Kirschpflaume 88
Pfirsich 88
Pflaume und Mirabelle 89
Quitte 90
Sauerkirsche 90
Stachelbeere 91
Süßkirsche 91
Walnuss 92
Weiki 92
Weinrebe 93

KONSERVIEREN 94

Einfrieren 96

Einwecken 98

Kaninchen-Leberwurst 98
Sauerkirschkonfitüre mit Eierlikör 99
Lindenblüten-Gelee 100

Konservieren mit Hilfe von Zucker 101

Mädesüß-Sirup 101

Einsalzen 102

Trocknen 103

Konservieren mit Hilfe von Säuren 106

Blitzgurken 106
Mixed Pickles 107
Saure Bohnen 108
Sauerkraut 109

Konservieren mit Ethanol 110

Schwarze Johanna 110
Pfefferminzlikör 111
Rumtopf 112

Konservieren mit Öl 113

Kräuteröl 113

ORGANISATION IM ÜBERBLICK 114

Beispiel für ein Selbstversorger-Grundstück 116

Jahresarbeitskalender für den gärtnerischen Bereich 118

Jahresarbeitskalender für den tierhalterischen Bereich 119

VORWORT

Selbsterzeugtes Gemüse ist frisch und reich an wertvollen Inhaltsstoffen

Bei der Selbstversorgung mit Nahrungsmitteln handelt es sich um keine neuzeitliche Erfindung. Im Gegenteil, diese ist so alt wie die Menschheit. Allerdings gab es in den vergangenen 100 bis 150 Jahren immer wieder Zeiten, in denen die Motivation, selbst Nahrungsgüter zu erzeugen, etwas abflachte. Seit gut ein bis zwei Jahrzehnten befinden wir uns jedoch in einer Phase, in der die Tendenz zur Selbstversorgung wieder ansteigt.

Die Varianten, eine derartige Versorgung zu praktizieren, sind sehr vielfältig. So besteht bereits die Möglichkeit, etwas Gemüse und vor allem Kräuter auf einer Fensterbank, Dachterrasse oder einem Balkon anzubauen.

Ein „Minikräutergarten" auf einer Fensterbank

Für einen umfangreicheren Anbau ist jedoch ein größeres Grundstück mit Garten beziehungsweise ein separater Garten erforderlich. Ergänzend können Nahrungsgüter aus der Natur gesammelt werden, wie etwa Waldpilze sowie Kräuter und Wildfrüchte, die sich unter anderem zu Salaten, Teemischungen und Marmeladen verarbeiten lassen.

Die wichtigsten Beweggründe (künftig) eine Selbstversorgung zu betreiben, sind der Wunsch nach einer höheren Qualität der Erzeugnisse sowie das Bestreben, den eigenen Geldbeutel zu entlasten. Derartige Einsparungen lassen sich oft schon mit ein paar Küchenkräutern in einem Umfang realisieren, den manche Menschen nicht für möglich halten. Ein

Beispiel dafür ist der Anbau des sehr vielseitig verwendbaren Schnittlauchs. Um diesen als kompakten Bestand auf einer Fläche von etwa 20 x 50 cm zu kultivieren, sind zwei bis drei Tütchen Saatgut erforderlich, für die die Kosten rund 5 Euro betragen. Nachdem der Schnittlauch aufgelaufen ist und sich zu einem üppigen Bestand entwickelt hat, kann er 3 bis 5 Mal pro Jahr kräftig geerntet werden. Dabei fallen beachtliche Mengen an Erntegut an, die sich im Normalfall nicht sofort verwerten lassen. Stattdessen kann das überschüssige Erntegut in Portionen eingefroren werden, für die man beim Kauf pro Stück etwa 1,60 Euro zahlen müsste.

Auf der 20 x 50 cm großen Anbaufläche lassen sich jährlich problemlos 50 bis 60 solcher Portionen produzieren. Nach Abzug der Kosten für Erntegut, Gefrierfolie und Strom zum Betreiben des Tiefkühlschrankes sowie dessen Abschreibungskosten bleibt ein Gewinn von mindestens 50 bis 60 Euro.

Des Weiteren legen die Verbraucher von Obst, Gemüse, Kartoffeln und Kräutern zunehmend Wert darauf, dass diese Erzeugnisse voll ausgereift sind und nicht mit Unmengen von Pestiziden behandelt wurden.

Gleichzeitig besitzen Produkte, die in Gewächshäusern auf Kosten ihres Aromas „hochgepeitscht" wurden – wie es häufig bei Tomaten der Fall ist –, in der Verbrauchergunst einen geminderten Stellenwert.

Derartige Qualitätsmängel treten bei selbsterzeugten Nahrungsmitteln in der Regel nicht auf. Hinzu kommt, dass Erzeugnisse aus dem eigenen Garten tatsächlich das Prädikat „erntefrisch" verdienen, wodurch sie auch einen besonders hohen Gehalt an wertvollen Inhaltsstoffen aufweisen.

Portionierter Schnittlauch

WIE VIEL IST MÖGLICH?

Für viele Selbstversorger ist eine vollständige Eigenproduktion aller benötigten Produkte nicht möglich, da die Flächen begrenzt sind. Dies trifft beispielsweise auf die Eigenerzeugung von Getreide zu, welches unter anderem zum Backen von Brot erforderlich ist. Vor dem Einstieg ist es ratsam, die verfügbaren Kapazitäten zu analysieren: Zeit, Fläche, Bodenqualität, Lagermöglichkeiten und ggf. auch Voraussetzungen für eine artgerechte Tierhaltung.

DER FAKTOR „ZEIT"

Bei Überlegungen, in welchem Umfang eine Selbstversorgung möglich ist, wird dem Faktor Zeit häufig zu wenig Aufmerksamkeit geschenkt. Bei der Analyse dieses enorm wichtigen Faktors muss man realistisch und ehrlich zu sich selbst sein. Keinesfalls darf mit Idealzahlen kalkuliert werden.

Nehmen wir beispielsweise einen Vollzeitbeschäftigten, der seine Selbstversorgung „nebenbei" betreibt. Es wäre ein erheblicher Kalkulationsfehler, wenn er als Fahrzeit zur Arbeit eine Stunde ansetzt, diese aber lediglich 3 bis 4 Mal im Monat erreicht. Falls an den restlichen Arbeitstagen die tatsächliche Fahrzeit 1,5 Stunden beträgt, ist in der monatlichen Zeitkalkulation ein Minus von etwa 8 bis 10 Stunden vorhanden.

Im Zusammenhang mit einer realistischen Zeitkalkulation sind die jeweiligen Arbeitsabläufe so rationell wie möglich zu planen. Das bedeutet in erster Linie, sogenannte „Zeitkiller" zu vermeiden. Diese entstehen unter anderem beim Zurücklegen unnötiger Wegstrecken. Ein Beispiel hierfür wäre, wenn man das Umgraben eines Beetes mehrfach unterbricht, um aus dem Schuppen weitere Arbeitsgeräte zu holen, wie etwa einen Rechen oder einen Korb für Steine. Durch ein gutes gedankliches Vorplanen des Umgrabens hätte man stattdessen sofort alle Geräte mit zum Beet nehmen können und dadurch Wegstrecke und Zeit gespart.

Das „Hinterhältige" bei den meisten Zeitkillern besteht darin, dass jeweils nur ein paar Minuten pro unnötigem Arbeitsschritt verlorengehen. Oft merkt man dabei nicht, wie sich solche Zeitkiller allmählich summieren und zu größeren Zeiteinheiten anwachsen.

Es macht allerdings auch keinen Sinn, Selbstversorger-Tätigkeiten im Akkordtempo zu verrichten. Eine solche Arbeitsweise motiviert normalerweise nicht. Stattdessen verliert man eher die Lust. Deshalb sollten auch Pausen eingeplant werden, in denen man sich über das bereits Geschaffte freut und vielleicht auch einmal eine Flasche eines favorisierten Kaltgetränkes trinkt.

Wenn man für jeden Tag so viele Tätigkeiten plant, dass diese kaum zu bewältigen sind, leidet häufig die Qualität der Arbeitsergebnisse darunter. Letztere können sich beim Gemüseanbau beispielsweise in einer geringeren Erntemenge und/oder einer verminderten Qualität der Erzeugnisse niederschlagen.

Bei der Grobplanung der wöchentlichen oder monatlichen Arbeitsabläufe hat es sich deshalb als ratsam erwiesen, einige Zeitpuffer einzubauen, falls einmal etwas Unvorhergesehenes eintritt.

DER FAKTOR „FLÄCHE"

Den meisten Menschen, die Selbstversorgung betreiben (möchten), steht nur eine Nettowirtschaftsfläche (Bereiche, auf denen sich beispielsweise Gebäude, Gartenteiche, Kinderspielbereiche, aber auch Gartenwege und Einfriedungen befinden, sind aus dieser Fläche herausgerechnet) zwischen 200 und 500 qm zur Verfügung. Unter derartigen Voraussetzungen ist es erforderlich, die Fläche so effektiv wie möglich zu nutzen. Das bedeutet aber nicht, dass der gesamte Garten ausschließlich aus Gemüse- und Kräuterbeeten sowie Bereichen für die Tierhaltung und für den Obstanbau bestehen muss. Stattdessen fließen in die Nettoanbaufläche auch Beete mit ein, auf denen Schnittblumen kultiviert werden, die man als Dekoration für Wohnräume und/oder als Grabschmuck verwendet. Denn auch Blumen, die man nicht kaufen muss, fungieren als Bestandteile der Selbstversorgung.

Schnittblumen für den Eigenbedarf, wie diese Dahlien, stellen ebenfalls einen Bestandteil der Selbstversorgung dar

Eine effektive Beetnutzung lässt sich am besten auf der Basis gut durchdachter Fruchtfolgen verwirklichen. Letztere ermöglichen es, dass die Flächen über das Jahr hinweg entweder nicht oder nur kurzzeitig brach liegen.

Bei der Planung von Fruchtfolgen gilt es zu beachten, dass nicht über Jahre hinweg eng verwandte Arten, wie etwa Rosen- und Grünkohl, auf dem gleichen Beet platziert werden. Und das aus mehreren Gründen. So scheiden zahlreiche Pflanzen Substanzen über ihre Wurzeln aus, die hemmend auf das Wachstum verwandter Arten wirken. Außerdem sind bei eng verwandten Arten die Nährstoffansprüche oft identisch. Das kann dazu führen, dass dem Boden bestimmte Mineralstoffe in überdimensionalen Mengen entzogen werden und sich die Bodenfruchtbarkeit verringert. Dagegen wirkt sich ein Integrieren von Schmetterlingsblütlern, wie Erbsen und Bohnen, vorteilhaft auf die Bodenfruchtbarkeit aus. Das trifft auch zu, wenn schnellwüchsige Pflanzen, wie etwa Phacelia, im frischen Zustand als sogenannter Gründünger in die Beete eingegraben werden.

Als Fruchtfolge wird die Anbau-Reihenfolge von Nutzpflanzen bezeichnet, die über einen mehrjährigen Zeitraum auf einer Fläche kultiviert werden. Dabei kann man ohne zusätzlichen Aufwand mehrere positive Effekte erzielen. Diese reichen beispielsweise von Einsparungen an Düngemitteln über eine geringere Krankheitsanfälligkeit der Pflanzen bis zu höheren Erträgen pro Flächeneinheit.

Das folgende Schema zeigt beispielhaft, wie sich eine dreijährige Fruchtfolge ohne größere Brachzeiten auf einem Beet realisieren lässt:

Jahr	Kulturen	Aussaat/Pflanzung (P)	Ernte
1	Radieschen	Ende II bis Anfang III	Ende IV
	Erbsen	Ende IV	Ende VI
	Grünkohl	Anfang VII (P)	Ende XI – kann überwintern
2	Grünkohl		Ende II
	Kresse	Ende III bis Anfang IV	Ende IV bis Ende V
	Tomaten	Mitte V bis Anfang VI (P)	Mitte IX bis Ende IX
	Spinat (Wintersorte)	Anfang X	
3	Spinat (Wintersorte)		Ende IV bis Ende V
	Buschbohnen	Ende V	Mitte bis Ende VIII
	Feldsalat	Ende VIII bis Anfang IX	Ernte im folgenden Frühjahr

Phacelia eignet sich hervorragend als Gründünger

Bezüglich des Platzbedarfs der Pflanzen sei auf einen häufig praktizierten Fehler hingewiesen. So werden nicht selten Empfehlungen für Reihenabstände beziehungsweise Platzansprüche ignoriert und stattdessen eine viel zu dichte Aussaat/Pflanzung vorgenommen. Dadurch erreicht man jedoch keine höheren Erträge. Im Gegenteil: Zu dicht platzierte Pflanzen „hungern" sich oft nur in die Höhe und bringen als Gesamtbestand eine geringere Erntemasse auf die Waage als jene Exemplare, denen ausreichend große Wuchsflächen zur Verfügung standen.

Zum optimalen Gedeihen benötigen die Pflanzen ausreichend Platz

Eine Möglichkeit zur Ertragssteigerung besteht darin, für Beete, die sich an ungünstigen Standorten befinden, die Umwelteinflüsse zu verbessern. Das lässt sich oft durch Hochbeete realisieren, die man an bisher ungünstigen Standorten platziert. Beispielsweise befinden sich zahlreiche ebenerdige Beete im Schattenwurfbereich einer Hecke. Diese schützt die auf den Beeten befindlichen Kulturen zwar recht gut vor Wind, entzieht ihnen aber gleichzeitig viel Sonneneinstrahlung und Nährstoffe, wodurch fast immer Ertragseinbußen zu verzeichnen sind. Indem man auf derartigen Flächen Hochbeete installiert, werden die ebenerdigen Bereiche quasi in die Sonne gehoben, wo sie in der Folgezeit deutlich höhere Erträge liefern.

Letztlich hat es sich vor allem in kleinflächigen Gärten als vorteilhaft erwiesen, nach Platzreserven Ausschau zu halten. Und die gibt es überall. Beispielsweise sind häufig die Bereiche unter winterkahlen Gehölzen ungenutzt. Auf diesen Bereichen lässt sich beispielsweise Bärlauch gut kultivieren. Oftmals liegen auch die Randbereiche von zahlreichen Beeten dauerhaft brach. Diese lassen sich unter anderem gut für den Anbau von Küchenzwiebeln nutzen. Dadurch spart man sich häufig ein zusätzliches Zwiebelbeet und kann die Fläche stattdessen für den Anbau anderer Kulturen nutzen.

Mittels dieser Hochbeete wurden ebenerdige Flächen „in die Sonne gehoben"

Küchenzwiebeln lassen sich auch auf den Randbereichen bepflanzter Beete anbauen

DER FAKTOR „BODENQUALITÄT"

Wie bereits erwähnt, hängt die Menge des Ernteguts außer von der Größe der vorhandenen Nettofläche auch von der Bodenqualität ab. Deshalb handelt es sich beim Gartenboden nicht nur um einen bloßen Standort für Pflanzen, sondern auch um ein wichtiges Nährstoff-, Wasser-, Luft- und Wärmedepot. Aus diesem Depot entnehmen die jeweiligen Pflanzenarten unterschiedlich große Mengen an Mineralstoffen, wie etwa Kalzium, Magnesium und Stickstoff, um diese für ihren Stoffwechsel sowie das Wachstum zu nutzen. Falls danach keine kontinuierliche Auffüllung dieses Depots erfolgt, beginnt der Boden immer stärker auszulaugen. Die Folge ist eine sich ständig verringernde Bodenfruchtbarkeit. Im Extremfall würde diese innerhalb von mehreren Jahrhunderten darin münden, dass sich der Boden zu einem wüstenähnlichen Substrat entwickelt. Ein sehr wichtiger Bestandteil, der diesem Szenario entgegenwirkt, ist der im Boden enthaltene Humus. Er hält unter anderem die Mineralstoffe in den oberen Bodenschichten fest, wodurch diese gut für die Wurzeln der Pflanzen erreichbar sind.

Falllaub gehört zu den organischen Düngern

Im Rahmen der Umsetzung der pflanzlichen und tierischen Körper, die man stark vereinfacht als Nährhumus bezeichnen kann, gibt das Edaphon zahlreiche Ausscheidungen ab. Letztere stellen die wichtigste Grundlage für längerlebigen Humus, den sogenannten Dauerhumus, dar. In diesem sind zahlreiche geleeähnliche Bestandteile (Kolloide) enthalten, die neben den bereits erwähnten Mineralien auch Wasser festhalten und für eine feinkrümelige Struktur des Bodensubstrates sorgen. Um den Dauerhumus zu regenerieren oder zu vermehren und dadurch eine Erhaltung beziehungsweise Steigerung der Bodenfruchtbarkeit zu erreichen, ist eine kontinuierliche „Fütterung" des Edaphons notwendig. Diese erreicht man neben dem Ausbringen von Komposterde vor allem durch das Eingraben von organischen Düngern, wie etwa Stallmist, Falllaub, Stroh und frischen Pflanzenteilen (die als Gründünger bezeichnet werden).

Als Humus wird die strukturlose Masse des Bodensubstrats bezeichnet, die durch den Abbau abgestorbener pflanzlicher und tierischer Körper entsteht. Diesen Abbau übernehmen zum größten Teil kleine und kleinste im Boden lebende Organismen, deren Spektrum unter anderem Regenwürmer, Springschwänze, Milben, winzige Algen und Pilze sowie riesige Mengen Bakterien umfasst. In ihrer Gesamtheit werden diese Organismen als Edaphon bezeichnet.

Die Intensität, mit der das Edaphon seine Arbeit verrichtet, ist stark von der Temperatur des Bodens und damit von dessen Wärmespeichervermögen abhängig. Unter der Voraussetzung, dass der Boden genügend Wasser enthält, setzt das Edaphon bei höheren Umgebungstemperaturen wesentlich mehr organische Substanzen pro Zeiteinheit um als bei niedrigen. Beispielsweise erfolgt bei einer Temperatur von 25 Grad die Umsetzung der organischen Substanzen etwa 5 bis 9 Mal so schnell wie bei einer Temperatur von 5 Grad.

Regional variieren die im Erdreich befindlichen Bestandteile oft erheblich, was vor allem auf die unterschiedlichen Bodenarten zurückzuführen ist. Ganz grob lassen sich diese in folgende drei Kategorien unterteilen:

LEICHTER BODEN

In derartigen Böden sind vor allem sandige Bestandteile mit Einzelkorngrößen von 0,063 bis 2 mm enthalten. Deshalb neigen die Bestandteile dieser Böden dazu, schnell durch die Hände zu rieseln. Derartige Böden erwärmen sich rasch und weisen eine gute Luftzirkulation, jedoch ein schlechtes Wasserhaltevermögen auf. Der Humusgehalt ist in diesen Böden recht niedrig. Eine Verbesserung der Bodenqualität lässt sich durch häufiges Eingraben von organischem Dünger und das Ausbringen von Komposterde erreichen. Außerdem sollte man diese Böden zwei Mal jährlich kalken.

Durch Eingraben von geschreddertem Holz lässt sich die Luftzirkulation im Boden verbessern

MITTELSCHWERER BODEN

Es handelt sich um lehmig-sandige bis lehmige Böden, die reichlich Sand-, Schluff- und Tonanteile enthalten. Unter Schluff versteht man alle Bodenbestandteile, die Größen von 0,002 bis 0,063 mm aufweisen, während die Tonteilchen kleiner als 0,002 mm sind. Je höher der Schluff- und Tonanteil in dem betreffenden Boden ist, desto weicher fühlt er sich an und umso einfacher kann man ihn im feuchten Zustand kneten beziehungsweise formen. Mittelschwere Böden haben ein deutlich besseres Wasserhalte- und Nährstoffbindungsvermögen als leichte. Dafür ist jedoch die Luftzirkulation in mittelschweren Böden schlechter. Außerdem erwärmen sie sich langsamer und man benötigt mehr Kraft bei ihrer Bearbeitung. Um die Luftzirkulation in dieser Bodenart zu verbessern, bietet es sich an, gelegentlich Falllaub, Stroh und geschreddertes Holz beziehungsweise Rinde (welche jedoch nicht von stark gerbsäurehaltigen Baumarten wie Eichen oder Erlen stammen sollte) einzugraben. Derartige Materialien tragen dazu bei, dass – wenn auch nur zeitlich begrenzt – im Boden mehr Hohlräume entstehen, die eine bessere Luftzirkulation sowie eine schnellere Erwärmung ermöglichen. Des Weiteren wirken sich Kalkdüngergaben, die zwei Mal pro Jahr ausgebracht werden, förderlich auf die Krümelstruktur des Bodens aus.

SCHWERER BODEN

Schwerer Boden enthält einen hohen Tonanteil und besitzt dadurch eine große Dichte. In ihm ist eine sehr schwache Luftzirkulation vorhanden und außerdem erwärmt sich dieser Boden nur zögerlich. Aus diesen Gründen sind die Lebensbedingungen für das Edaphon recht ungünstig, da es unter deutlich erschwerten Bedingungen „arbeiten" muss.

Um die Qualität anzuheben, sollte ein sehr häufiges Hacken erfolgen, um dadurch den Boden zu lockern. Ergänzend sind so oft wie möglich geschredderte Holz- und Rindenmaterialien sowie Gründünger, Stroh und Falllaub einzugraben. Des Weiteren ist es günstig, auf der Oberfläche immer wieder Komposterde zu verteilen. Diese sollte man mit lockerem Sand und gelegentlich auch mit Kalkdünger strecken. Steht keine Komposterde zur Verfügung, kann man zumindest 4 bis 6 Mal pro Jahr lockeren trockenen Sand auf den Beeten ausbringen und mit dem Rechen einarbeiten.

DER PH-WERT

Der pH-Wert lässt sich problemlos mit im Fachhandel erhältlichen Teststreifen ermitteln, die man auf das feuchte Erdreich drückt. Dabei verfärbt sich der Teststreifen. Anhand dieser Verfärbung kann man auf einer Skala, die auf der Verpackung abgedruckt ist, den pH-Wert mühelos ablesen.

Hornspäne

Düngen mit Kalk

Der pH-Wert (pondus hydrogenii) ist als negativer dekadischer Logarithmus der Wasserstoffionenkonzentration definiert. Vereinfacht ausgedrückt, gibt er an, ob eine Substanz (im konkreten Fall der Boden) ein saures, alkalisches (auch basisches genannt) oder neutrales Milieu hat.

Die meisten Gartenpflanzen gedeihen am besten, wenn das Bodensubstrat einen pH-Wert von 6,5 bis 7,2 aufweist. Ermittelt man bei einer Messung einen Wert unter 6,5, ist es ratsam, häufiger Kalk- und Magnesiumdünger auszubringen. Dabei sollte man aber nicht nach dem Motto „viel hilft viel" verfahren, sondern öfter kleinere Mengen verabreichen, wodurch eine bessere Wirkung erzielt wird. Doch selbst auf Böden, auf denen pH-Werte zwischen 6,5 und 7,2 gemessen wurden, ist in größeren zeitlichen Abständen das Ausbringen von Kalkdünger sehr empfehlenswert.

Diese sogenannte Erhaltungskalkung sorgt dafür, dass der pH-Wert des Bodens weitgehend konstant bleibt. Besonders wirksam ist eine derartige Erhaltungskalkung kurz vor dem Anbau von Gemüsearten, die einen etwas höheren Kalkbedarf haben, wie beispielsweise Kohl, Karotten, Sellerie, Schwarzwurzeln und Tomaten. Neben industriell hergestellten Kalkmischungen eignen sich auch Hornspäne sehr gut als Dünger. Diese enthalten ebenfalls zahlreiche Kalkverbindungen und besitzen außerdem den Vorteil, dass sie relativ langsam zersetzt werden und somit eine länger „sprudelnde" Kalkquelle darstellen. In diesem Zusammenhang sei auch darauf verwiesen, dass Eierschalen nahezu reiner Kalk sind. Diesen „Gratiskalk" sollte man prinzipiell niemals verschenken, indem die Eierschalen achtlos in den Hausmüll geworfen werden. Stattdessen gehören sie in möglichst stark zerkleinertem Zustand in den Komposter.

DER KOMPOST

Weil Komposterde ein Material darstellt, welches zur Verbesserung der Bodenqualität beiträgt, kann man davon eigentlich nie genug haben. Zum Erzeugen von möglichst großen Mengen einer derartigen Erde, bedarf es einer zweckmäßigen Bewirtschaftung des zu kompostierenden Materials. Dazu benötigt man einen oder mehrere Komposter. Bei der Auswahl des Modells hat man die berühmte „Qual der Wahl". Neben bereits seit Langem bekannten aus Holzstangen und Brettern gefertigten Modellen bietet der Fachhandel auch aus Kunststoff bestehende Thermokomposter an.

Thermokomposter

Um eine schnelle Umsetzung des in diese Behälter gegebenen Materials zu erreichen, sollte es möglichst klein gehäckselt sein. Dadurch bietet man dem Edaphon mehr Angriffsfläche. Außerdem sollte im zu kompostierenden Material immer genügend Feuchtigkeit vorhanden sein, die durch wasserreiche Komponenten, wie Rasenschnitt oder Karottenkraut gewährleistet wird. Indem man derartige Elemente mit relativ trockenem Material mischt, beispielsweise klein geschredderten Ästen, erfolgt die weitere Zersetzung besonders zügig. Falls der Komposter nahezu ausschließlich mit Falllaub oder anderem sehr trockenen Material befüllt wird, hat es sich bewährt, dieses mit Gießwasser zu besprengen, um so die nötige Feuchtigkeit für ein effizientes Arbeiten des Edaphons zu schaffen.

Man kann Materialien, die kompostiert werden sollen, auch Stallmist untermischen

Ein Kleinkomposter arbeitet umso besser, je mehr Füllmaterial sich darin befindet

Des Weiteren ist es möglich, dem zu kompostierenden Material Stallmist unterzumischen, welcher ebenfalls forcierend auf die weiteren Umsetzungsprozesse wirkt.

Eine Beschleunigung des Kompostierungsprozesses kann durch das Hinzufügen einer pulverartigen, handelsüblichen Schnellkomposthilfe erfolgen, welche sogenannte Starterkulturen enthält, die die Entwicklung und Vermehrung der Mikroorganismen begünstigen. Steht keine Schnellkomposthilfe zur Verfügung, lässt sich ein frisch befüllter Komposter auch mit schon teilweise umgesetztem Material „impfen", welches man aus einem anderen Komposter/Komposthaufen entnimmt.

Die Kompostierung in einem Kleinkomposter läuft umso schneller ab, je mehr Füllmasse dieser enthält. Der Grund dafür ist die steigende Temperatur im Kompostmaterial, welche wiederum das Edaphon zu einem intensiveren Arbeiten stimuliert.

Es hat sich als vorteilhaft erwiesen, wenn Kompost mehrere Jahre reifen kann und während dieser Zeit mindestens 1 bis 2 Mal umgesetzt wird. Viele Materialien haben sich während dieser Zeit schon zu Erde umgewandelt, sodass nur noch ein abschließendes Aussieben erforderlich ist. Die ausgesiebte Erde bringt man auf den Oberflächen der Beete aus. Dadurch schafft man die Voraussetzung, dass die wertvollen Inhaltsstoffe des Kompostes über einen relativ langen Zeitraum allmählich in etwas tiefere Bereiche sickern können und dort den Wurzeln der Pflanzen zur Verfügung stehen.

In zahlreichen kleineren Gärten ist jedoch nicht genügend Platz vorhanden, um eine umfangreiche Kompostwirtschaft zu betreiben. Stattdessen ist der Komposter oft schon nach 3 bis 4 Monaten voll und sein Inhalt befindet sich noch im Stadium der Umsetzung. Dann kann man improvisieren: Das erst teilweise umgesetzte Material, das etwas an Stallmist erinnert, wird dabei in ein freies Beet eingegraben, auf welches man vorzugweise stark zehrende Pflanzen setzt, wie Kohl oder Gurken.

DER WASSERBEDARF

Wenn sich auf Beeten nahezu ganzjährig Bewuchs befindet, wirkt sich das positiv auf deren Stabilität und Fruchtbarkeit aus. Unter derartigen Bedingungen tragen die Wurzeln der Pflanzen besonders stark zum Festhalten des Bodens bei, wodurch geringere Wind- und Wassererosionen zu verzeichnen sind. Außerdem hilft der Schattenwurf der Pflanzen vor allem in der wärmeren Jahreszeit, dass der Boden langsamer austrocknet. Darüber hinaus bietet diese als Schattengare bezeichnete Wirkung dem Edaphon bessere Lebensbedingungen. Insbesondere Regenwürmer ziehen sich dann während größerer Hitzeperioden erst später in tiefere Bodenschichten zurück und verrichten somit länger ihre „Arbeit" in den oberflächennahen Bereichen.

Im Interesse eines maximalen Ernteertrages benötigen die Pflanzen zusätzlich ausreichend Wasser. Ihren Bedarf decken sie durch Flüssigkeitsentzug aus dem Boden. In der Regel genügen jedoch die Niederschläge nicht, um die Flüssigkeitsdepots im Boden wieder so aufzufüllen, dass diese den Ansprüchen der Pflanzen komplett genügen. Das liegt unter anderem daran, dass es sich bei den meisten Kultur(gemüse)pflanzen um üppige Züchtungen handelt, deren Wasserbedarf pro Zeiteinheit deutlich höher ist als der ihrer Ursprungsformen. Deshalb ist es notwendig, diesen Pflanzen regelmäßige Gießwassergaben zu verabreichen.

Bei starken Hitzewellen lieber seltener, dafür aber kräftig gießen

Bei länger anhaltenden Hitzeperioden begehen viele Gartenfreunde einen gravierenden Gießfehler, indem sie Beete zwar täglich, aber dafür mit unzureichenden Wassermengen versorgen. Wenn dabei lediglich eine schwache Benetzung der Beet-Oberflächen mit Wasser erfolgt, kann dieses nicht bis zu den Wurzeln vordringen und erzielt somit auch keine positive Wirkung. Stattdessen ist es wesentlich nutzbringender, die Pflanzen während solcher Hitzewellen nur alle 2 bis 3 Tage zu gießen, ihnen dann jedoch reichlich Wasser zu geben.

Des Weiteren sollte man niemals während der heißen Mittagstunden und dann wohlmöglich noch „über Kopf" gießen. Weil die Sonne zur Mittagszeit besonders intensiv strahlt, würde mehr Wasser ungenutzt verdunsten als in den Morgen- oder frühen Abendstunden. Zudem bleiben Wassertropfen beim Gießen „über

Kopf" häufig an den Blättern der Pflanzen haften. Diese wirken dann wie kleine Prismen, indem sie die Sonnenstrahlen bündeln, wodurch partielle Verbrennungen an den Blättern entstehen können.

Wasser wird im Sommer oft nicht nur knapp, sondern kostet auch Geld, wenn man es aus der Leitung bezieht. Um sowohl den Geldbeutel zu entlasten als auch die Umwelt zu schonen, sollte man zumindest einen Teil des benötigten Gießwassers in Regentonnen und/oder Zisternen auffangen.

Des Weiteren bietet sich die regelmäßige Wasserentnahme aus Gartenteichen, verbunden mit dem anschließenden Wiederauffüllen aus der Regentonne/Zisterne, an. Beachtenswerterweise handelt es sich beim Teichwasser nicht nur um eine bloße Gießflüssigkeit. Stattdessen ist sie fast immer mit größeren Mengen

Sowohl Wasser aus einem Gartenteich ...

... als auch aus einem Aquarium eignet sich hervorragend zum Gießen von Gemüsepflanzen

Zusätzliche Wasserreserve in Eimern und Kannen

an gelösten Nährstoffen angereichert. Diese stellen einen wertvollen Dünger dar, den die Wurzeln der Pflanzen sofort aufnehmen können. In ähnlicher Weise sollte auch Wasser, dass bei regelmäßigen, in Aquarien vorgenommenen Teilwasserwechseln anfällt, nicht achtlos in die Toilette geschüttet, sondern als Gießwasser verwendet werden.

Regentonnen erweisen sich als eine Art „Sparbüchse", wodurch der Geldbeutel entlastet wird

Wenn die Regentonne voll ist und Gewitter oder Regen aufzieht, bietet es sich an, alle verfügbaren Gießkannen und Eimer mit Wasser aus der Tonne zu füllen. Letztere wird durch den Regenguss wieder gefüllt und durch den Inhalt in den Eimern und Kannen steht in den folgenden Tagen zusätzliches Gießwasser (von dem man eigentlich nie genug haben kann) zur Verfügung.

Mitunter wird die Bedeutung des regelmäßigen Hackens unterschätzt. Bloßes Gießen und Düngen reicht bei Weitem nicht, um von einer Kulturart dauerhaft Höchsterträge zu erzielen. Im Gegenteil: Gießwasser allein schwemmt nur einen Großteil der im Boden enthaltenen Poren zu. Dadurch kommt es zu einer erheblichen Beeinträchtigung der Luftzirkulation, die gewöhnlich eine Verdichtung des Erdreichs nach sich zieht. In einen derartig verkrusteten Boden kann auftreffender Regen nur schwer eindringen, sodass oft ein großer Teil ungenutzt wegfließt. Regelmäßiges Hacken wirkt nicht nur diesem Problem entgegen, sondern trägt außerdem zur Erhöhung der Feinkrümelstruktur des Bodens bei.

DER FAKTOR „LAGERKAPAZITÄT"

Bei den Vorplanungen zur (künftigen) Selbstversorgung beabsichtigen viele Menschen, einen Teil der Erzeugnisse im erntefrischen Zustand zu verzehren, was zweifelsfrei richtig ist. Der weitaus größere Teil soll jedoch konserviert und anschließend längerfristig aufbewahrt werden. Dafür sind entsprechende Lagerkapazitäten erforderlich. Diesem Aspekt Rechnung tragend, ist es ratsam, bereits im Vorfeld zu überlegen, wo man welche Mengen an Konserven aufbewahren kann.

Ein in den vergangenen Jahrzehnten zunehmend häufiger praktiziertes Konservierungsverfahren ist das Einfrieren. Dazu sind entsprechende Kühlkapazitäten in Form eines oder mehrerer Tiefkühlschränke/-truhen erforderlich. Falls weder im Wohnbereich noch im Keller genügend Stellplätze für derartige Geräte vorhanden sind, bieten sich als Alternativen auch freie Flächen in Garagen, wetterfesten Schuppen und/oder Lauben an, in denen ein Stromanschluss vorhanden ist.

Die Freude an eigenen Erzeugnissen ist umso größer, wenn bereits beim Einpflanzen Platz für die spätere Ernte eingeplant wurde

Weitere Konservierungsverfahren sind das Einwecken, Trocknen, Einsalzen sowie Einlegen in verschiedene Konservierungsmittel, wie etwa Alkohol, Säuren und Öl. Anschließend müssen zur Deponierung dieser Konserven beispielsweise Regale oder Schränke in einem frostfreien Vorratsraum vorhanden sein. Dabei hat es sich bewährt, wenn Konserven, die sich in transparenten Glasgefäßen befinden, keiner größeren Sonnen- beziehungsweise Lichteinstrahlung ausgesetzt sind. Je länger diese einwirkt, desto größer sind die Verluste an wertvollen Inhaltstoffen, wobei Vitamine besonders schnell zerstört werden.

Manche Obstarten, wie etwa Äpfel und Birnen, werden als Frischvorräte ebenfalls gern in Regalen gelagert. Um den Frischezustand sowie den Zuckergehalt in derartigem Obst möglichst lange zu erhalten, sollten in dem Lagerraum vorzugsweise Temperaturen von 2 bis 5 Grad herrschen.

Blick in einen Vorratsschrank, in dem befüllte Einweckgläser gelagert werden

Das ist deshalb wichtig, weil das Obst bei niedrigeren Temperaturen deutlich langsamer „atmet" als bei höheren. Diese Atmung kann man in gewisser Weise als eine Umkehr der Fotosynthese sehen. Das Obst gibt dann Kohlendioxid und Wasser ab, wodurch seine Schale zunehmend schrumpeliger wird. Außer der Optik verändert sich auch der Geschmack. Für die Abgabe von Kohlendioxid bauen die Früchte einen Teil ihres eingelagerten Zuckers ab, was zur Folge hat, dass sich der süße Geschmack allmählich verringert.

Eine weitere Einlagerungsmethode, bei der eine Ausnutzung des herbstlichen beziehungsweise winterlichen Temperaturrückgangs erfolgt, ist das Deponieren verschiedener Gemüsearten in einer Erdmiete. Besonders gut lassen sich darin Karotten, Sellerie, Kohlrabi, Pastinaken und Rote Bete einlagern. Falls man die Miete völlig frostfrei halten kann, ist sogar ein Deponieren von Kartoffeln möglich.

Zum Anlegen einer derartigen Miete hebt man eine 80–100 cm tiefe Grube mit quadratischer oder rechteckiger Öffnung aus, die sich vorzugsweise in der Nähe eines Wohnhauses befindet. Auf diese Weise lässt sich die abgestrahlte Wärme nutzen, um die Miete frostfrei zu halten.

Auf den Boden der Grube füllt man eine mindestens 10 cm starke Schicht aus grobem Kies, die als Drainage dient. Anschließend legt man engen Maschendraht darüber, mit dem auch die Seitenwände der Grube ausgekleidet werden. Dadurch verhindert man, dass Wühlmäuse in die Miete eindringen können. Als

Eingelagerte Winteräpfel

Karotten gehören zu jenen Gemüsearten, die sich sehr gut einmieten lassen

Abdeckung für die Miete eignet sich ein selbstgebauter Holzrahmen, der mit einer türähnlichen Klappe versehen wird. Durch diese Konstruktion ist später jederzeit eine unkomplizierte Entnahme des eingemieteten Gemüses möglich.

Vor dem Bestücken mit Gemüse gibt man eine etwa 5 cm starke Sandschicht in die Miete. Auf diese legt man das Gemüse, von dem man lediglich grobe Erdpartikel vorsichtig mit den Händen abputzt. Auf keinen Fall sollte man das Gemüse vor dem Einmieten abwaschen! Um es besser vor Frösten zu schützen, deckt man das eingelagerte Gemüse mit einer Schicht grob gehäckseltem, trockenem Stroh ab, die mindestens 10 bis 15 cm dick sein sollte. Um zu vermeiden, dass während der kalten Jahreszeit größere Mengen Feuchtigkeit in die Miete eindringen, hat es sich bewährt, eine Folie über die Entnahmeklappe zu legen.

Grube für eine Erdmiete

Zum Einmieten vorbereitete Rote Bete, bei der die Blätter fachgerecht entfernt wurden

Eine mietenähnliche Lagerungs-Variante stellt eine mit Sand gefüllte Holzkiste dar, die man in einem kühlen, frostfreien Keller oder dunklen Schuppen aufstellt. In diesem „Sandbett" wird das Gemüse (bei Sellerie kürzt man genau wie vor dem Einmieten die Wurzeln) eingeschlagen. Danach dürfen von dem dicht nebeneinander platzierten Gemüse nur noch die Blattköpfe mit den daran befindlichen Herzblättern aus dem Sandbett ragen.

Bei Gemüse, welches zur Einmietung vorgesehen ist, entfernt man zuvor die Blätter durch vorsichtiges Abdrehen (bei Kohlrabi und Sellerie werden die Herzblätter verschont). Wird dagegen der Blattkopf (oberster Teil des Gemüses) abgeschnitten, schafft man eine riesige Eintrittspforte für Fäulnisbakterien. Hinzu kommt, dass dann insbesondere Rote Bete zu „bluten" beginnt, wobei an der Schnittstelle viel von dem gesundheitlich sehr wertvollen Saft austritt. Vor dem Einmieten werden bei Sellerie die Wurzeln gekürzt und bei Kohlrabi entfernt.

VORAUSSETZUNGEN FÜR EINE TIERHALTUNG

Viele Menschen wollen im Rahmen der Selbstversorgung nicht nur pflanzliche, sondern auch tierische Erzeugnisse produzieren. Zu diesem Zweck möchten sie zumeist kleinere Nutztiere halten, wie Hühner, Kaninchen und Bienen. Falls größere Grünflächen vorhanden sind (beispielsweise ausgedehnte Obstgärten), kommt auch die Haltung von Schafen als „vierbeinige Rasenmäher" in Betracht.

Im Vorfeld gilt es zu prüfen, ob bereits Gebäude vorhanden sind, in denen eine weitgehend artgerechte Tierhaltung möglich ist. Andernfalls müssen solche Baulichkeiten geschaffen werden, wobei oft hohe Kosten entstehen. Außer den direkten Stallungen benötigt man genügend große Räume für das Einlagern von Einstreu und Heu sowie anderen Futterreserven. Des Weiteren bedarf es im Vorfeld einer Klärung, wo (vor allem bei gefrorenem Boden) eine Zwischenlagerung des anfallenden Stallmistes bis zur Endverwertung (in der Regel erfolgt ein Eingraben) stattfinden kann.

Insofern genügend Flächen vorhanden sind, lassen sich auch Schafe als „vierbeinige Rasenmäher" halten

Nicht zu unterschätzen sind der jährliche Futterbedarf der Tiere und die Frage, ob man diesen in Eigenproduktion decken kann. Ebenso ist vor der Anschaffung von Tieren zu berücksichtigen, dass diese an 365 Tagen im Jahr versorgt werden müssen. Diesbezüglich sollte man schon im Vorfeld klären, wer sich um diese kümmert, wenn man krank ist oder in den Urlaub fahren möchte.

Letztlich bedarf es einigen Grundwissens über die jeweiligen Nutztiere. Bevor man beispielsweise Bienen halten darf, ist zumeist ein Sachkundenachweis erforderlich. Wie und wo man diesen erwerben kann, lässt sich bei der zuständigen Landwirtschaftsbehörde erfragen. In diesem Zusammenhang noch ein Hinweis: Für die Haltung bestimmter Nutztierrassen werden staatliche Fördermittel gezahlt. Welche Voraussetzungen dafür zu erfüllen sind und welche Rassen von den jeweiligen Bundesländern gefördert werden, erfährt man ebenfalls in der Landwirtschaftsbehörde.

HÜHNERHALTUNG KOMPAKT

Die Haltung von Hühnern dient vor allem der Versorgung mit frischen Eiern.

In diesem Zusammenhang ist allerdings der Ausspruch „Ein gutes Huhn legt jeden Tag ein Ei und sonntags auch mal zwei", absoluter Unsinn. Theoretisch betrachtet kann ein Huhn maximal ein Ei pro Tag legen, was in der Praxis jedoch nicht passiert. So ist die Legebereitschaft während des als Mauser bezeichneten, 4 bis 6 Wochen andauernden Federwechsels entweder stark rückläufig oder kommt komplett zum Erliegen. Aber auch in der restlichen Zeit legen die meisten Hühnerrassen nicht täglich ein Ei. Stattdessen kann man die durchschnittliche Anzahl an Eiern pro Huhn und Jahr auf 130 bis 220 Stück veranschlagen. Außerdem sollte man beachten, dass die Legeleistung ab dem dritten Lebensjahr eine stark rückläufige Tendenz aufweist.

Der Stall sollte so konzipiert sein, dass darin ein erwachsener Mensch in aufrechter Haltung stehen kann. Des Weiteren muss mindestens ein möglichst großes Fenster vorhanden sein, durch das ausreichend Tageslicht in den Stall fällt, wodurch die Legebereitschaft stimuliert wird. Als Material für den Stallbo-

Die durchschnittliche Anzahl an Eiern pro Huhn und Jahr beläuft sich auf 130 bis 220 Stück

den hat sich Beton gut bewährt, da dieser verhindert, dass von unten Feuchtigkeit in das Gebäude dringt. Eine nachts verschließbare Hühnerklappe, die man in die Stalltür integrieren kann, darf ebenfalls nicht fehlen. Als Einstreu eignet sich eine dicke Schicht aus fein gehacktem Stroh oder grob gehäckselten Hobelspänen. Eine Tränke, ein Futtertrog und mit Nistmaterial ausgestattete Legeboxen sowie eine oder mehrere erhöht angebrachte Sitzstangen und eine Sandkiste komplettieren die Stallausstattung. Die Sandkiste dient bei schlechtem Wetter und in den Wintermonaten als Sandbad. Sie wird bis 10 cm unter den Rand mit einem Gemisch aus feinem, chemikalienfreien Sand und zerriebener Holzkohle (Verhältnis 30:1) befüllt und am besten in eine Ecke des Raums gestellt. Wenn die Hühner ein Sandbad nehmen, wirkt der Holzkohlenstaub desinfizierend.

Weil die Hühner in den Wintermonaten oft tagelang nicht ins Freiland können, muss während dieser Zeit ein Behälter mit Grit im Stall aufgestellt werden. Dabei handelt es sich um kleine Steinchen oder geschrotete Muschelschalen, welche die Hühner zusätzlich zur Nahrung aufnehmen. Der Grit unterstützt im Muskel-

Eine erhöht angebrachte Sitzstange sollte in einem Hühnerstall nicht fehlen

Henne im Auslauf

magen das Zermahlen von harten Futterkomponenten. Idealerweise schließt sich an den Stall ein Auslauf an, für dessen Umfriedung man Maschendraht oder Holzlatten verwenden kann.

Hühner sind Allesfresser, deren Hauptfutter aus Körnernahrung, wie Weizen, Hafer und Roggen, bestehen sollte. Um die Fütterung der Hühner ausgewogen zu gestalten, bietet man ihnen zwei bis drei Mal pro Woche im Fachhandel erhältliches Legekorn beziehungsweise Legemehl an. Dabei handelt es sich

Kleingehackt sind Brennnesseln ein gutes Grünfutter für Hühner

um ein besonders vitamin- und mineralstoffreiches Ergänzungsfutter. Das Legekorn mischt man vor dem Verfüttern im Verhältnis 2:1 mit Getreide. Zusätzlich ist eine ausreichende Versorgung mit Grün- sowie pflanzlichem Saftfutter sehr wichtig. Als Grünfutter eignen sich beispielsweise junge Brennnesseln, Reste von Kopfsalat, Breit- und Spitzwegerich, Löwenzahnblätter sowie Vogelmiere. Diese Komponenten werden vor dem Verfüttern fein zerhackt.

Ähnlich ist mit dem Saftfutter zu verfahren, zu dem unter anderem Karotten, Futter- und Zuckerrüben, Reste von Brokkoli, Blumenkohl und Kernfallobst (wie Äpfel und Birnen) gehören. Das Grün- und Saftfutter vermengt man am besten mit Getreideschrot und gibt so viel Wasser dazu, dass die Mischung eine feinkrümelige (jedoch keine breiige) Konsistenz bekommt. Im Freiland nehmen die Hühner auch sehr gern tierisches Eiweiß auf, das sie vor allem in Form von Regenwürmern, Käfern und Spinnen finden.

Ganz grob kann man die tägliche Futtermenge pro ausgewachsenem Legehuhn, dessen Gewicht 2,5 bis 3 kg beträgt, mit 120 bis 180 g veranschlagen. Sollte der Trog immer schnell leer sein, erhöht man die Futtermenge ein wenig. Umgekehrt reduziert man diese, wenn ständig größere Reste darin zurückbleiben. Gefüttert wird am besten am Morgen und am frühen Nachmittag. Dadurch

Ein 2,5 bis 3 kg schweres Huhn benötigt pro Tag etwa 120 bis 180 g Futter

Zwerghühner der Rasse Federfüßige Zwerge

haben die Hühner bis zum Einsetzen der Dunkelheit genügend Zeit, das Futter in aller Ruhe zu fressen.

Außerdem muss den Hühnern jederzeit Tränkwasser in unbegrenzten Mengen zur Verfügung stehen. Dieses stellt eine wichtige Voraussetzung für die Entwicklung der Eier dar, die zu etwa 70 % aus Wasser bestehen.

Im Rahmen der Selbstversorgung werden gern sogenannte Zweinutzungsrassen gehalten, zu denen unter anderem Amrocks, Bielefelder Kennhühner, Deutsche Lachshühner, Vorwerkhühner und Wyandotten gehören. Bei den Zweinutzungsrassen handelt es sich um Hühner, die sowohl viele Eigenschaften von Legerassen (welche auf hohe Legeleistungen gezüchtet wurden) als auch von Fleischrassen (die auf hohe Körpergewichte gezüchtet wurden) in sich vereinen. Ausgewachsene Exemplare der Zweinutzungsrassen wiegen zumeist 2 bis 4 kg, wobei die Hähne schwerer sind als die Hennen. Zweinutzungshühner werden oftmals recht zutraulich. Außerdem sind sie keine besonders guten Flieger, weshalb die Einfriedung nicht übermäßig hoch sein muss. Für Selbstversorger, die nur kleine Grundstücke besitzen, bietet sich die Haltung von einigen Zwerghühnern an.

Obwohl diese Rassen zumeist weniger Eier legen, die leichter als die der Großrassen sind, ist dafür ihr Platzbedarf umso geringer. Ganz speziell sei auf Chabos hingewiesen. Diese Zwerghühner besitzen den Vorteil, dass sie relativ schonend mit vorhandenen Grasflächen umgehen. Außerdem sind die Chabo-Hähne untereinander ziemlich verträglich.

KANINCHENHALTUNG KOMPAKT

Kaninchen werden vor allen wegen ihres delikaten Fleisches gehalten. Außerdem haben sie sich als gute Verwerter von Resten erwiesen, die im Garten und in der Küche anfallen.

Bezüglich ihres Körpergewichts lassen sich Kaninchen ganz grob in kleine, mittelgroße und große Rassen sowie in Mischlinge unterteilen. Letztere bezeichnet man auch als Hybriden. Aufgrund ihrer Gewichte und den damit verbundenen Körperlängen benötigen die einzelnen Rassen/Hybriden unterschiedlich große Ställe, die folgende Mindestabmessung aufweisen sollten:

Gewicht des Kaninchens	Mindestmaße des Stalls in Breite x Tiefe x Höhe in cm
Große Rassen mit mehr als 5,5 kg	110 x 80 x 70
Mittelgroße Rassen 3,75 bis 5,5 kg	85 x 80 x 60
Kleine Rassen bis 3,75 kg	70 x 75 x 60

Rote Neuseeländer repräsentieren eine mittelgroße Rasse

Beim Deutschen Riesen handelt es sich um eine Großrasse

Am liebsten mögen Kaninchen Ställe mit Holzböden, weil diese keine „Fußkälte" verströmen. Um ein problemloses Abfließen des Urins zu gewährleisten, sollte die Bodenplatte zur hinteren Buchtenwand schwach abfallen. Letztere muss mit einer kleinen Öffnung ausgestattet sein, in der sich ein Abflussrohr befindet, welches in einen Urinauffangbehälter mündet.

Es kommt den artspezifischen Bedürfnissen der Kaninchen sehr entgegen, wenn mindestens zwei (nicht Junge führende) erwachsene Weibchen (sie werden als Häsinnen bezeichnet), zwei kastrierte Männchen (Rammler), eine Häsin mit einem kastrierten Rammler oder mehrere gleichgeschlechtliche Jungtiere gemeinsam gehalten werden. Sobald in den Gruppen der halbwüchsigen Rammler Streitigkeiten auftreten, muss man die Tiere trennen oder kastrieren. Dagegen sind Rammler sowie Häsinnen, die Junge führen oder kurz vor der Geburt stehen, stets einzeln zu halten.

Aus Holz gebauter Stall mit sehr geräumigen Buchten

Als Einstreu hat sich sauberes, trockenes Stroh bewährt, wobei Bereiche mit entstandenen Verschmutzungen mindestens ein Mal pro Woche gegen frisches Material zu tauschen sind.

Zur Buchten-Ausstattung gehören ein Fressnapf, eine Raufe und eine stets mit frischem Wasser gefüllte Tränkflasche. Außerdem ist es günstig, in jede Bucht ein größeres Stück Weichholz zu legen.

Gruppe gleichaltriger Jungtiere in der Bucht

Eine Raufe sollte in keiner Bucht fehlen

Dieses dient als Beschäftigungsmaterial und trägt gleichzeitig zur kontinuierlichen Abnutzung der Schneidezähne bei, die bei Kaninchen ununterbrochen nachwachsen.

Kaninchen besitzen einen sogenannten Stopfmagen, der immer gefüllt sein muss. Sobald neues Futter in den Magen gelangt, wird ein Teil des bisherigen Nahrungsbreis in den Dünndarm geschoben. Dieses kontinuierliche Weiterschieben ist deshalb wichtig, weil im Dünndarm so gut wie keine Peristaltik (wellenförmige Transportbewegung) vorhanden ist. Gleichzeitig darf der Nahrungsbrei nicht zu lange im Verdauungstrakt der Kaninchen verbleiben, weil sich sonst allmählich giftige Substanzen bilden. Zur Gewährleistung des Weiterschiebens des Nahrungsbreis müssen die Kaninchen die Möglichkeit haben, Futter nach Belieben aufzunehmen. Deshalb sollte sich immer Heu oder Grünfutter in der Raufe befinden.

Wiesenklee …

… und Löwenzahn sind gern gefressene Futterkomponenten

Es hat sich bewährt, die Fütterungszeiten auf den Morgen und den späten Nachmittag/frühen Abend zu legen. Bei der Fütterung am Nachmittag erhalten die Kaninchen eine größere Futtermenge, weil sie während der Dunkelheit besonders häufig und viel fressen.

Futterrüben eignen sich gut als Winterfutter

Während der Sommermonate sollte man Kaninchen, die weder tragend sind, noch Junge führen, vorwiegend mit Grünfutter ernähren, das vorzugsweise aus jungen Gräsern, Wiesenklee (wird auch oft als Rotklee bezeichnet), und Kräutern, wie etwa Löwenzahn, besteht. Ein weiteres hochwertiges Futter stellt Grünmais dar, den die Kaninchen ebenfalls gern fressen. Ein Nachteil bei der Ernährung mit Grünfutter besteht darin, dass die Zähne der Kaninchen dann weniger stark beansprucht werden und sich folglich nicht genug abnutzen. Um dem entgegenzuwirken, bietet man alle 2 bis 3 Tage ein paar beblätterte Zweige von Pappeln, Linden, Weiden, Weinreben oder Eschen an.

Harte Brot- und Brötchenabfälle werden von Kaninchen mit besonders großer Begeisterung gefressen. Diese darf man jedoch nie in zu üppigen Mengen anbieten, weil es sich dabei um kalorienreiches Futter handelt, das schnell Verfettungen bewirkt.

Im Winter stellen Mohr-, Zucker-, Kohl- und Rote Rüben eine gute Ergänzung zum Heu dar. Das trifft auch auf gekochte Kartoffeln zu, die mit Weizenkleie vermengt sind.

Nachfolgend wurden zwei Beispiele für ausgewogene Tagesfutterrationen zusammengestellt, die den Bedarf eines etwa 4 kg schweren Kaninchens decken. Bei der Fütterung kleinerer Rassen ist es ratsam, diese Rationen um 15 bis 50 % zu reduzieren und für große Rassen um etwa diese Werte zu erhöhen.

1. Beispielration	2. Beispielration
Erwachsener Rammler oder Häsin ohne Jungtiere	**Häsin säugend, 6 Junge, 1. bis 10. Tag nach dem Gebären**
200 g junges Grünfutter von „fetten" Wiesen oder 200 g Grünmais	500 g junges Grünfutter
100 g Karottenkraut oder 80 g Kartoffelschalen	100 g Weizenkörner
80 g Haferkörner oder 80 g hartes Brot beziehungsweise Brötchen	60 g Weizenkleie vermischt mit 10 g Mineralstoffgemisch
30 g Weizenkleie	100 g Karottenkraut
3 g Mineralstoffgemisch (mengt man am besten in die Kleie)	80 g gekochte Kartoffelschalen

BIENENHALTUNG KOMPAKT

Durch die Haltung von Honigbienen wird eine Eigenversorgung mit Honig und gegebenenfalls auch mit Bienenwachs möglich. Wenn diese Insekten zum Nektarsammeln Blüten anfliegen, führen sie „ganz nebenbei" deren Bestäubung durch. Damit verrichten sie eine Leistung, die ihnen die Menschheit aus ernährungstechnischer Sicht gar nicht genug danken kann. Beispielsweise würde es ohne Bestäubung große Teile des Obstsortiments nicht geben.

Wer sich zur Haltung von Bienen entschließt, benötig neben den Tieren auch technisches Equipment, welches für die Gewinnung des Honigs aus den Waben nötig ist. Außerdem bedarf es einer speziellen Imkerkleidung, welche vor Bienenstichen schützt.

Bei Bienen handelt es sich um staatenbildende Insekten, die mit bis zu 60.000 Artgenossen in einer fest strukturierten arbeitsteiligen Gesellschaft leben, welche man als Volk oder Bien bezeichnet. Jedes Volk umfasst eine Königin, Arbeitsbienen und einige wenige männliche Exemplare, die man Drohnen nennt. Die einzige Aufgabe der Königin besteht im Legen von Eiern und damit dem Regenerieren des Volkes. Zuvor wird sie beim Hochzeitsflug von den Drohnen begattet.

Im Laufe ihres relativ kurzen Lebens übernehmen die Arbeitsbienen verschiedene Aufgaben innerhalb und außerhalb des Bienenstocks. Am Anfang ihres Lebens führen sie Säuberungsarbeiten im Stock durch. Später widmen sie sich der Aufrechterhaltung des Klimas in der Behausung, der Versorgung des Nachwuchses (Larven und Puppen), dem Bau der Waben, dem Auskundschaften von Nahrungsquellen, dem Heranschaffen von Wasser, dem Sammeln von Nektar, der Honigherstellung sowie dem Bewachen des Stocks.

Bei sachgerechtem Umgang sind Bienen kaum aggressiv. Trotzdem sollte man vor deren Anschaffung sowohl bei sich selbst als auch Familienmitgliedern, die gegebenenfalls mit den Tieren in Kontakt kommen, einen Allergietest auf Bienenstiche durchführen lassen.

Die Haltung erfolgt in speziellen Behältern, die als Beuten oder Bienenstock bezeichnet werden (des Öfteren sind auch mehrere solcher Beuten in Form eines Bienenhauses oder -wagens direkt nebeneinander angeordnet).

Jede Beute besteht aus einem Boden, einem Einflugschlitz, mehreren übereinander angeordneten Segmenten, den sogenannten Zargen, und einem Deckel. Im unteren Bereich der Beute befindet sich der Brutraum mit dem Brutnest und darüber der Honigraum mit den Ho-

Biene beim Sammeln von Nektar

nigwaben. Zwischen Brut- und Honigraum ist ein Gitter, welches verhindert, dass die Königin in den Honigraum gelangt und dort Eier legen kann. Auf diese Weise wird die ausschließliche Erzeugung von Honig im Honigraum gewährleistet.

Bienenstöcke in einem Bienenhaus

Die Honigmenge, die sich pro Bienenvolk erzeugen lässt, hängt von mehreren Faktoren ab. Die wichtigsten Faktoren stellen die Individuenzahl des Volkes, das Nahrungsangebot und die Entfernung zu diesen dar. Je kürzer die Flugwege zu üppigen Nahrungs-Reservoiren sind, desto mehr können die Bienen pro Zeiteinheit eintragen. Ein weiterer Einflussfaktor ist das Wetter in dem betreffenden Jahr. Fällt viel Regen und scheint außerdem die Sonne seltener, verringert sich der Honigertrag, während er bei langanhaltenden Schönwetterphasen steigt. Als Durchschnittswert kann man pro Volk 12 bis 18 kg Honig veranschlagen, wobei Spitzenvölker 35 bis 40 kg liefern.

Im Sommer erhalten die Bienen als Zufütterung Zuckerwasser, Sirup und/oder Futterteig. Diese Zufütterung ist notwendig, weil der Imker den Bienen einen Teil ihres Honigs wegnimmt, der diesen Insekten als Futtervorrat dienen würde.

Die Futtermenge, die ein Volk pro Jahr benötigt, hängt vom Umfang des weggenommenen Honigs ab, aber pauschal kann man von 15 bis 20 kg ausgehen.

Sobald der in den Waben deponierte Honig seine volle Reife erreicht hat, bemerken das die Bienen. Sie verschließen die Waben dann mit Deckeln. Diese bestehen, wie auch die Waben, aus Wachs, welchen die Bienen in speziellen Drüsen produzieren. In der zweite Julihälfte erfolgt zumeist die Honigernte.

Das Öffnen der Honigwaben nimmt der Imker mit einer sogenannten Entdeckelungsgabel vor. Danach werden die Waben zusammen mit den Rähmchen, in denen sie sich befinden, in die Honigschleuder gegeben. Diese arbeitet nach dem Prinzip einer Zentrifuge und löst den Honig aus den Waben. Anschließend muss der aufgefangene Honig noch durch ein feines Sieb gegossen werden, um kleine Wachsrückstände zu entfernen, die beim Entdeckeln und Schleudern entstanden sind.

Pro Bienenvolk kann man pro Jahr mit 12 bis 18 kg Honig rechnen

Maipilze

Violetter Rötelritterling

Schopftintlinge

GRATISPRODUKTE AUS DER NATUR

Im Rahmen der Selbstversorgung lassen sich außer den Gütern, die der eigene Garten und die gehaltenen Tiere liefern, auch zahlreiche Gratisprodukte aus der Natur nutzen. Dadurch erweitert sich das Spektrum der Selbstversorger-Erzeugnisse sowohl quantitativ als auch qualitativ.

Zu den häufig gesammelten „Gratis-Klassikern" gehören Pilze. Obwohl sich deren Hauptsammelzeit auf Sommer und Herbst konzentriert, kann man Pilze zu allen Jahreszeiten finden. Beispielsweise erscheint der Austernseitling, *Pleurotus ostreatus*, der an Bäumen schmarotzt, zwischen November und März.

Indem man die eigenen Kenntnisse über Pilze erweitert, ergibt sich der Vorteil, dass man neben gut bekannten Arten, wie Steinpilzen, Maronen und Pfifferlingen, auch jene hochwertigen Exemplare sammeln kann, die von zahlreichen Menschen gemieden werten. Hierzu zählen beispielsweise der hervorragend schmeckende Schopftintling, *Coprinus comatus*, der Maipilz, *Calocybe gambosa*, sowie der Violette Rötelritterling, *Lepista nuda*.

Des Weiteren hält die Natur vor allem im Frühjahr und Frühsommer eine umfangreiche Palette an Kräutern und Blüten bereit, von denen viele nicht nur

Bärlauch

wohlschmeckend, sondern auch sehr gesund sind. Man denke beispielsweise an zarte junge Brennnesseln, Löwenzahn- und Bärlauchblätter sowie Knoblauchrauke, die sich zu appetitlichen Frühlingssalaten verarbeiten lassen.

Aus zahlreichen Blättern (beispielsweise von Brom- und Waldhimbeeren) und Blüten (wie etwa von Linden, Holunder und Gänseblümchen) lassen sich sowohl im frischen als auch getrockneten Zustand leckere Kalt- und Warmgetränke sowie Blütengelees zubereiten.

In der Küche erfreuen sich Waldheidelbeeren, -erdbeeren und -himbeeren großer Beliebtheit, weil ihr Aroma das der Kultursorten bei Weitem übertrifft. Ebenso lassen sich die als Kornelkirschen bezeichneten Früchte der Herlitze, des Sanddorns, des Schwarzen Holunders und der Hundsrose (Hagebutten) zur Zubereitung von Nahrungsmitteln nutzen.

Gleiches trifft auf die als Vogelbeeren bezeichneten Früchte der Eberesche zu, über welche die weit verbreitete Meinung existiert, dass sie ungenießbar wären.

Das trifft aber nur zu, solange sie roh sind. Werden sie dagegen gekocht, wandelt sich die unbekömmliche Parasorbinsäure in die für Menschen gut verträgliche Sorbinsäure um.

Ein weiteres Sammelgut, dass vielerorts in Wäldern und Parks wächst, sind die als Haselnüsse bezeichneten Früchte der Gemeinen Hasel.

Letztlich sei noch darauf verwiesen, dass in der Vergangenheit in zahlreichen Feldfluren (Wild)Obstgehölze, wie etwa Felsenbirnen oder Kirschpflaumen, angepflanzt wurden, die niemand aberntet. Wenn man die Besitzer der betreffenden Flächen/Gehölze darauf anspricht, haben sie häufig nichts dagegen, dass man dieses Obst zur Eigenversorgung nutzt.

Sanddorn

Vogelbeeren

ANBAU-PORTRAITS VON GEMÜSE, KARTOFFELN, KRÄUTERN UND OBST

In den folgenden Anbau-Portraits werden beliebte Gemüse- und Obstarten sowie Kartoffeln und Kräuter vorgestellt. Die Von-bis-Spannen, die beispielsweise beim Aussaat-Zeitraum angegeben sind, basieren darauf, dass in den jeweiligen Regionen unterschiedliche klimatische Verhältnisse vorhanden sind und oft frühe, mittelfrühe und späte Sorten existieren. Dieses Sortenspektrum lässt zumeist einen größeren zeitlichen Spielraum bei der Einordnung der jeweiligen Art in eine Fruchtfolge zu.

GEMÜSE UND KARTOFFELN

Der Stolz eines jeden Selbstversorgers ist ein Garten voller Leben, Farben und Aromen. Hier, zwischen dem fruchtbaren Erdreich und den wärmenden Sonnenstrahlen, gedeihen die Kulturarten in all ihrer Vielfalt. In diesem Kapitel geht es um die Stars des Gemüsegartens, den vielfältigen und köstlichen Gemüsesorten, die unseren Tisch reichlich füllen und unsere Mahlzeiten bereichern.

Jede Gemüsesorte hat ihre Eigenheiten und Vorlieben, ihre Art, sich zu entfalten und zu wachsen. Von den zarten Blättern des Spinats bis zu den robusten Wurzeln der Karotten, von den kletternden Ranken der Erbsen bis zu den bunt gefärbten Früchten der Tomaten – jedes Gemüse hat seinen eigenen Charme und seinen Platz in unserem Gartenreich.

ERLÄUTERUNG DER ABKÜRZUNGEN:
P = beste Pflanzzeit für vorgezogene Exemplare
S = bester Aussaat-Zeitraum
St/Pt = Saattiefe/Pflanztiefe
A = Abstand zweier Pflanzen in der Reihe (cm)
RA = Abstand zwischen zwei Reihen (cm)
Af = Anfang
Mi = Mitte
En = Ende
E = Erntezeit

Auf den kommenden Seiten werden eine Vielzahl von Gemüsesorten vorgestellt, ihre Anbauanforderungen erkundet, bewährte Tipps und Tricks für eine reiche Ernte geteilt und die kulinarischen Möglichkeiten, die sie bieten, entdeckt. Denn in der Welt des Gemüsegartens gibt es immer etwas Neues zu lernen, zu erleben und zu genießen. Tauchen wir ein in die bunte Welt des Anbaus und lassen Sie uns gemeinsam den Reichtum des Gemüsegartens erkunden.

ARTISCHOCKE

Artischocken sind mehrjährig und werden im Februar in einem Anzuchtbeet vorgezogen. Sie benötigen sonnige, windgeschützte Standorte, mit einem humosen, gut wasserdurchlässigen Bodensubstrat. Vor dem Auspflanzen sollte der Standort reichlich Komposterde und während des Wachstums 2 Mineraldüngergaben erhalten. Außerdem muss die Artischocke regelmäßig gegossen werden. Im Herbst werden Artischocken bis zum Wurzelhals zurückgeschnitten und der Standort mit viel Stroh abgedeckt. Darauf bringt man eine 30 cm starke Schicht Gartenerde aus. Um Fäulnis zu vermeiden, lüftet man den Standort an frostfreien Tagen. Dazu entfernt man vorübergehend die Abdeckung, damit Luft an den Wurzelhals gelangt. Im April wird die Abdeckung dauerhaft weggenommen.

P	Pt	RA	E
Mi IV bis En V	über den Wurzeln muss 5 cm Erde sein	pro Pflanze ist eine Fläche von 80 x 80 cm zu veranschlagen	Af VIII bis En IX

AUBERGINE

Die Aubergine wird auch als Eierbaum oder -frucht bezeichnet. Zur Kultivierung ist sehr viel Wärme nötig, weshalb sich ein windgeschützter, sonniger Standort in der Nähe einer Hauswand besonders bewährt hat. Letzterer sondert zusätzliche Wärme ab, für welche Auberginen sehr dankbar sind. Das Gemüse wird im Januar in einem Anzuchtbeet vorgezogen und die Jungpflanzen pikiert, wenn sie 5 cm Höhe erreicht haben. Dabei erfolgt ein Vereinzeln auf 8 cm.

Auberginen benötigen einen humusreichen Boden und haben einen hohen Wasserbedarf, wobei man sie aber nicht „über Kopf" gießen sollte. Nach Erscheinen der ersten Fruchtansätze erhalten sie alle 14 Tage eine kleine Gabe Mineraldünger. Die Ernte erfolgt, sobald die Früchte voll ausgefärbt sind und ihre Schalen einen fettigen Glanz zeigen. Aufgrund ihres hohen Solaningehalts eignen sie sich nicht zum Rohverzehr.

P	Pt	RA	E
En V	über den Wurzeln muss 5 cm Erde sein	pro Pflanze ist eine Fläche von 50 x 50 cm zu veranschlagen	En VII bis En VIII

BLUMENKOHL

Beim Blumenkohl handelt es sich um eine der anspruchsvollsten Kohlarten. Von ihr existieren sowohl frühe, mittelfrühe als auch späte Sorten. Zeitig gepflanzte Exemplare sollte man bis Mitte Mai mit einer Pflanzenhaube schützen, da sie recht empfindlich gegen Spätfröste sind. Vor der Pflanzung ist das Eingraben von Stallmist oder das Ausbringen einer kräftigen Lage Komposterde empfehlenswert. Bei beginnender „Kopfbildung" erfolgt eine Flüssigdüngergabe, die unbedingt Molybdän und Bor enthalten sollte. Des Weiteren sind regelmäßiges Hacken und eine gute Wasserversorgung im Interesse hoher Erträge unerlässlich. Die „Blumen" erntet man, bevor sie auflockern (umgangssprachlich als „schießen" bezeichnet). Um die Blumen vor Verfärbungen durch Sonneneinstrahlung zu schützen, ist es sinnvoll, die Blätter über ihnen locker zusammenzubinden.

P	Pt	RA	E
Af IV bis Mi V	der Wurzelhals unter den Blattansätzen muss völlig in der Erde stecken	pro Pflanze ist eine Fläche von 45 x 45 cm zu veranschlagen	En VI bis Mi X

BROKKOLI

Brokkoli wird nicht nur als Winterblumenkohl bezeichnet, sondern seine Standort- und Pflegeansprüche gleichen weitgehend denen des Blumenkohls. Ein Vorziehen von Jungpflanzen im Anzuchtbeet kann, wie übrigens auch beim Blumenkohl, ab Mitte Februar erfolgen. Sobald die Jungpflanzen 3 cm hoch sind, werden sie pikiert und auf 6 cm vereinzelt.

Die Ernte sollte erfolgen, wenn sich die „Blumen" noch hart und fest anfühlen. Ähnlich wie bei Blumenkohl neigen auch die Brokkoli-Blumen bei sehr warmem Wetter sehr schnell zum „Schießen".

Neben den „Blumen" lassen sich die dicken Stängel als sogenannter Spargelkohl in der Küche verwenden. Darüber hinaus eignen sich die Blumen hervorragend zur Gefrierkonservierung.

P	Pt	RA	E
Af IV bis En VI	der Wurzelhals unter den Blattansätzen muss völlig in der Erde stecken	pro Pflanze ist eine Fläche von 50 x 50 cm zu veranschlagen	Af VII bis Mi X

BUSCHBOHNE

Buschbohnen sind recht anspruchslose, schnellwüchsige und sehr ertragssichere Pflanzen. Außer der Reihensaat ist eine Horstsaat möglich. Für diese bereitet man in Abständen von 35 cm 3 cm tiefe Mulden vor, in welche jeweils 5 bis 7 Samen gegeben und mit Erde überdeckt werden. In Abhängigkeit von der Sorte können die Hülsen eine gelbe, grüne oder violette Färbung haben. Die Ernte erstreckt sich über einen mehrwöchigen Zeitraum, in dem in 4- bis 7-tägigen Abständen ein Auspflücken erfolgt. Dabei werden jeweils nur die großen, voll ausgereiften Buschbohnen gepflückt.

Mit diesem Gemüse lassen sich neue Beete gut urbar machen. Hierzu sticht man mit dem Spaten waagerecht unter die Grünlandnarbe und dreht die Grassoden um 180 Grad. Die umgebrochene Fläche lässt man 4 bis 5 Tage brach liegen. Danach bohrt man in Abständen von 3 cm ebenso tiefe Löcher, gibt je eine Buschbohne hinein und deckt diese mit Erde zu.

S	St	A	RA	E
Mi V bis Mi VII	3 cm	4 cm	(25) bis 30 cm	VII bis Mi IX

CHINAKOHL

Chinakohl wird auch als Peking-, Japan- oder Selleriekohl bezeichnet. Er benötigt einen sonnigen, nährstoffreichen Standort, auf dem kurz vor der Aussaat eine Kalkdüngung erfolgen sollte. Außerdem hat Chinakohl einen sehr hohen Wasserbedarf, wobei er aber keine Staunässe mag.

Innerhalb der Reihen legt man alle 30 bis 40 cm jeweils 3 bis 4 Saatkörner (nestartig) in die Erde. Nachdem die Jungpflanzen aufgelaufen sind, erfolgt nach 10 bis 14 Tagen ein Vereinzeln, wobei man in jedem „Nest" nur das kräftigste Exemplar stehen lässt. Nach weiteren 2 Wochen sollte das Gemüse eine mineralische Düngergabe erhalten, um dessen Kalium- und Phosphorbedarf komplett zu decken.

Werden stärkere Fröste vorhergesagt, empfiehlt es sich, den Chinakohl samt Wurzelballen aus dem Boden zu nehmen und als Vorratsgemüse in einem hellen, kühlen Keller in feuchten Sand einzuschlagen (Einschlagen = die Wurzelballen mit Sand überdecken).

S	St	A	RA	E
Mi V bis En VI	1 bis 1,5 cm	30 bis 40 cm	40 cm	En X bis EN II

ERBSE

Im Vergleich zu Bohnen sind Erbsen weniger auflaufsicher. In einem lückig aufgelaufenen Erbsenbestand sollte sofort ein partielles Nachlegen von Samen erfolgen. Abgesehen von einigen sich selbst stützenden Sorten, benötigen die meisten Erbsen Rankhilfen. Hierfür steckt man entweder trockenen, 70 bis 80 cm langen Reisig in das Beet oder schlägt an den Enden Pflöcke ein, zwischen denen man in Abständen von 15 cm Bindfäden spannt. Sobald die Erbsenpflanzen eine Höhe von 12 cm erreichen, werden zur Erhöhung ihrer Stabilität die Reihen ein wenig gehäufelt.

Während der Erntesaison erfolgt in 5- bis 7-tägigen Abständen ein Auspflücken. Dabei erntet man jeweils nur die prall gefüllten Hülsen, die umgangssprachlich als Schoten bezeichnet werden. Um zu verhindern, dass man die Pflanzen dabei versehentlich aus dem Boden zieht, ist es ratsam, die reifen Hülsen an ihren Stielen mithilfe von Daumen und Zeigefinger abzukneifen.

S	St	A	RA	E
IV bis Mi VI	4 cm	3 bis 5 cm	30 cm Einzelreihe, 40 cm Doppelreihe	Mi VI bis Af VIII

FELDSALAT

Feldsalat wird häufig in Doppelreihen ausgesät. Besonders gut gedeiht er auf nährstoffreichen, humosen Böden, die einen hohen Kalkgehalt haben und nicht übermäßig feucht sind. Dagegen neigt Feldsalat auf staunassen Standorten schnell zur Fäulnis. Beabsichtigt man, Feldsalat zu überwintern, hat es sich bewährt, wenn sich das Beet an einer etwas geschützteren Stelle befindet.

Vom Säen bis zum Auflaufen dauert es oft 3 Wochen. Diese Zeitspanne lässt sich durch ein einmaliges kräftiges Angießen etwas verkürzen. Zwei Wochen nach dem Auflaufen kann man dem Feldsalat eine mäßige Mineraldüngergabe verabreichen. Die wichtigste Pflegemaßnahme besteht jedoch darin, kein Unkraut in dem Feldsalatbestand aufkommen zu lassen. Deshalb muss dieser kontinuierlich gehackt und/oder gejätet werden. Beim Ernten ist darauf zu achten, dass man Feldsalat direkt über der Erdoberfläche abschneidet, wodurch seine Rosetten erhalten bleiben.

S	St	A	RA	E
En VII bis Af IX	0,5 bis 0,8 cm	3 cm	15 cm	En X bis Af IV

GRÜNKOHL

Unter den Kohlarten gelingt der Anbau des auch als Braunkraut bezeichneten Grünkohls am einfachsten und sichersten. Das Vorziehen aus Samen erfolgt ab Ende April in einem Anzuchtbeet. Sobald die Jungpflanzen eine Höhe von 3 bis 4 cm erreicht haben, werden sie pikiert (dabei trennt man das unterste Drittel der Wurzel ab) und auf Abstände von 7 bis 8 cm vereinzelt.

Grünkohl stellt sowohl an die Bodenqualität als auch das Klima die geringsten Anforderungen. Um besonders üppige Erträge zu erzielen, hat sich jedoch vor dem Pflanzen das Eingraben von Stallmist, Gründünger oder einer Gabe Komposterde bewährt. Darüber hinaus ist es empfehlenswert, diesem Gemüse während der Vegetationsphase 1 bis 2 mineralische Düngergaben zu verabreichen. Des Weiteren wirkt sich regelmäßiges Gießen positiv auf den Ernteertrag aus. Vor der Ernte sollte Grünkohl mindestens 1 bis 2 Frosteinwirkungen ausgesetzt sein.

Gut geschützt gegen Kohlweißlinge steht dieser Grünkohl unter einem Insektennetz

P	Pt	RA	E
Mi VI bis Af VIII	über den Wurzeln muss 1 bis 2 cm Erde sein	pro Pflanze ist eine Fläche von 50 x 40 cm zu veranschlagen	En X bis Af III

GURKE

Bei Gurken handelt es sich um ein extrem frostempfindliches Gemüse, weshalb man es erst nach den Eisheiligen ins Freiland setzen darf. Das Vorziehen kann ab Mitte April in einem Anzuchtbeet oder in Töpfen erfolgen. Zum optimalen Gedeihen benötigen Sie einen vollsonnigen Standort mit einem humusreichen, wasserdurchlässigen Boden, der jedoch nie völlig austrocknet. Besonders hohe Erträge lassen sich erzielen, wenn vor dem Einpflanzen reichlich Stallmist eingegraben wird. Zusätzlich sollte während der Vegetationsphase (etwa am 20. Juni) eine Gabe eines kali- und phosphatreichen Düngers erfolgen.

Falls nur wenig Anbaufläche zur Verfügung steht, kann man sich mit einem Trick helfen, indem die Gurken an einem Spalier in die Höhe geleitet werden. Um den Pflanzen dabei genügend Halt zu verschaffen, fixiert man in Abständen von 30 bis 40 cm die Triebe mit breiten Bastbändern.

P	Pt	A	RA	E
Mi V bis Af VI	über den Wurzeln muss 2 cm Erde sein	80 cm	40 cm	Mi VII bis En IX

KAROTTE

Karotten benötigen einen absolut steinfreien Standort, der gut wasserdurchlässig, locker und humusreich sein sollte. Vor der Aussaat hat es sich bewährt, den Boden zwei Spatenstiche tief umzugraben. Um nicht einen starken Wurmbefall (Larven der Karottenfliege) zu begünstigen, darf vor der Aussaat kein Stallmist eingegraben werden. Vorteilhaft ist dagegen, wenn man gute Komposterde auf dem Beet ausbringt.

Sehr flachgründige Böden, in denen bereits in 30 bis 40 cm Tiefe eine Ton- oder Lehmschicht vorhanden ist, sind eigentlich für den Karottenanbau untauglich. Hier lässt sich jedoch mithilfe einer pfiffigen Idee Abhilfe schaffen: Und zwar, indem man das Erdreich auf dem künftigen Beet zu 2 bis 3 Dämmen häufelt, die mindestens eine Höhe von 20 cm aufweisen. Die Breite der Dammbasen sollte dabei etwa 35 cm und die der Dammkronen 20 cm betragen. In der Mitte jeder Dammkrone erfolgt anschließend die Aussaat.

S	St	A	RA	E
Mi III bis VI	0,5 bis 1 cm	4 bis 5 cm (nach dem Vereinzeln)	20 bis 25 cm	VII bis XI

KARTOFFEL

Eine Anbaufläche von 100 bis 150 qm reicht, um den Jahresbedarf einer vier- bis fünfköpfigen Familie zu decken. Ist man an einer sehr frühen Ernte interessiert, sollten mittelgroße Pflanzkartoffeln vor dem Legen vorgekeimt werden.

Kartoffeln bevorzugen humosen, lockeren, leicht feuchten Boden, der sich schnell erwärmt. Außerdem hat es sich bewährt, Stallmist bereits im Herbst des Vorjahres in das Beet einzugraben. Sobald die Triebe der Kartoffeln 10 cm aus dem Boden ragen, erfolgt ein erstes dammartiges Häufeln. Ein zweites Häufeln wird erforderlich, wenn das Blattwerk etwa 20 cm hoch ist. Bei jedem Häufeln erhalten die Kartoffeln eine Gabe stickstoffhaltigen Volldünger. Diese Gabe darf nicht „über Kopf" erfolgen. Bei anhaltenden Trockenperioden erweisen sich Kartoffeln als sehr „wasserhungrig". Wird dann reichlich mit der Kanne gegossen, bestehen beste Chancen, im Herbst eine überdurchschnittlich hohe Ernte einzufahren.

P	Pt	A	RA	E
En IV bis Mi V	10 cm	20 bis 30 cm	60 cm	En IX bis En X

KNOLLENSELLERIE

Wenn man Knollensellerie selbst vorzieht, muss die Aussaat Mitte Februar/Anfang März in einem Anzuchtbeet erfolgen. Beim Knollensellerie handelt es sich um einen Lichtkeimer, weshalb man die Samen nur mit der flachen Hand auf der Erde andrückt. Wenn er eine Höhe von 2 bis 3 cm erreicht hat, wird er pikiert und auf 5 cm vereinzelt.

Knollensellerie fühlt sich auf sonnigen Standorten mit humusreichen Böden, die immer ein wenig feucht, jedoch nicht staunass sind, am wohlsten. Man sollte ihn nicht auf ein Beet setzen, in das zuvor frischer Mist eingegraben wurde. Dieser bewirkt oft, dass die Knollen von bräunlichen Flecken durchsetzt werden. Statt einer Gabe Stallmist verabreicht man dem Knollensellerie während des Wachstums zwei Mal in Wasser aufgelösten Dünger, der nur wenig Stickstoff enthält.

P	Pt	RA	E
Mi V bis En V	über den Wurzeln muss 2 cm Erde sein	pro Pflanze ist eine Fläche von 35 x 35 cm zu veranschlagen	En IX bis Mi XI

KOHLRABI

Vom Kohlrabi existieren sowohl frühe, mittelfrühe als auch späte Sorten, deren Schale grünlich oder blauviolett sein kann. Kohlrabis werden fast immer in einem Aussaatbeet vorgezogen und pikiert, sobald sie eine Höhe von 2 bis 2,5 cm haben. Anschließend erfolgt ein Vereinzeln auf Abstände von 5 cm. Wenn die Jungpflanzen 10 cm hoch sind, kann man sie ins Freiland setzen.

Wenngleich nicht zwingend notwendig, wirken sich das Eingraben von Stallmist sowie das Ausbringen von Komposterde ertragssteigernd aus. Während des Wachstums erhalten Kohlrabis 2 mäßige Mineraldüngergaben. Um ein „Holzigwerden" zu vermeiden, sind eine ausreichende Wasserversorgung und regelmäßiges Hacken wichtige Voraussetzungen.

Zumeist wird nur die Knolle verzehrt, wobei die Herzblätter jedoch deutlich vitamin- und mineralstoffreicher sind.

P	Pt	A	RA	E
Af III bis Mi VII	über den Wurzeln muss 1 cm Erde sein	25 bis 30 cm	30 bis 35 cm	Mi V bis Af XI

KOPFSALAT

Vom Kopfsalat, umgangssprachlich oft nur als Salat bezeichnet, existieren zahlreiche Sorten, deren Spektrum sich von grün- bis zu rotblättrigen Exemplaren erstreckt. Bei manchen Sorten haben die Blätter glatte Ränder, während diese bei anderen gekräuselt sind. Kopfsalat wird fast immer in einem Aussaatbeet vorgezogen. Dabei ist es wichtig, dass die Umgebungstemperaturen nicht länger über 20 Grad liegen, da sonst eine Keimhemmung einsetzt. Bei einer Höhe von 2 cm wird Kopfsalat pikiert. Anschließend erfolgt ein Vereinzeln auf 6 cm. Um zügig zu wachsen und zarte Blätter auszubilden, benötigt Kopfsalat warme, sonnige Standorte mit einem lockeren, humusreichen Boden, der stets leicht feucht ist. Außerdem sind Hacken und vor allem bei längeren Trockenperioden regelmäßiges Gießen unerlässlich.

P	Pt	A	RA	E
Af IV bis Af VIII	über den Wurzeln muss 1 cm Erde sein	25 bis 30 cm	25 bis 30 cm	Af V bis Mi X

KÜRBIS

Zumeist werden Kürbisse ab Ende März/Anfang April im Anzuchtbeet vorgezogen und nach den Eisheiligen (15. Mai) ins Freiland gesetzt. Der Aussaatbehälter muss in einem hellen Raum bei einer Temperatur von mindestens 20 Grad stehen.

Kürbisse brauchen neben einer guten Wasserversorgung sehr nährstoffreiche Böden, in die möglichst viel Stallmist untergegraben wurde. Um eine überdurchschnittliche Ernte zu liefern, benötigen Kürbisse während ihrer Wachstumsphase 2 bis 3 mineralische Düngergaben, die auch Kalk enthalten. Dabei ist darauf zu achten, dass in diesem Dünger keine Chlorbestandteile enthalten sind.

Wer „Riesenkürbisse" ernten will, darf außerdem pro Pflanze höchstens 2 bis 3 Früchte reifen lassen. Die überzähligen Früchte schneidet man ab, sobald sie Faustgröße erreichen.

P	Pt	RA	E
Mi V	über den Wurzeln muss 3 cm Erde sein	pro Pflanze ist eine Fläche von 1 x 1 m zu veranschlagen	En IX bis Mi X

MANGOLD

Ähnlich wie Spinat ist bei Mangold eine Herbstaussaat mit anschließender Überwinterung der aufgelaufenen Jungpflanzen möglich. Dadurch steht ein sehr zeitiges Frühjahrs-Gemüse zur Verfügung. Bei der Herbstaussaat dieser Kultur sollte man die Reihen vor dem Einsetzen der ersten Starkfröste etwas anhäufeln. Als zusätzlichen Frostschutz empfiehlt es sich, die Beetoberfläche mit Nadelreisig abzudecken. Mangold hat sich als eine Pflanzenart erwiesen, die an den Boden und das Klima keine besonderen Ansprüche stellt. Es existieren Formen mit roten, gelben und weißen Stängeln, die sich aber weder in ihrem Geschmack noch in ihren Inhaltsstoffen deutlich unterscheiden. Während der Wachstumsphase erhält Mangold drei klein bemessene mineralische Stickstoffdünger-Gaben. Für die Maximierung der Ernteerträge ist außer einem sonnigen Standort und einer reichlichen Wasserversorgung ein häufiges Hacken des Bodens erforderlich.

S	St	A	RA	E
IV bis V oder VIII bis IX	2 bis 3 cm	35 cm	25 bis 30 cm	IV bis IX

MELONE

Melonen werden ab Ende April in einem Aussaatbeet vorgezogen. In das windgeschützte, in der Vollsonne befindliche Beet sollte vor der Pflanzung reichlich Stallmist eingegraben beziehungsweise Komposterde darauf ausgebracht werden. Außerdem muss der Boden stark humushaltig, locker und schwach feucht, jedoch nicht staunass sein. Um den hohen Nährstoffbedarf während ihres Wachstums zu decken, erhalten Melonen alle zwei Wochen eine Mineraldüngergabe.

Damit die Früchte einen großen Durchmesser erreichen, ist es ratsam, von ihnen nur 5 bis 6 pro Pflanze ausreifen zu lassen. Die restlichen entfernt man spätestens, wenn sie Tennisballgröße erreichen. Ob eine Melone erntereif ist, lässt sich an der Stelle feststellen, mit der die Frucht auf dem Boden lag. Dieser Bereich muss eine gelbe Färbung aufweisen. Fehlt ein solcher „Fleck", sollte man mit der Ernte noch warten.

P	Pt	RA	E
En V bis Af VI	über den Wurzeln muss 3 cm Erde sein	pro Pflanze ist eine Fläche von 1x 1 m zu veranschlagen	En VIII bis En IX

PAPRIKA

Die Paprika gehört zu den sehr frostempfindlichen Gemüsearten. Ein Vorziehen in einem Anzuchtbeet kann ab Mitte März erfolgen. Paprika benötigt einen vollsonnigen Standort mit einem lockeren, humusreichen, sich leicht erwärmenden Boden, der keine Staunässe aufweist. Außerdem sollte das Beet weitgehend windgeschützt sein. Vor dem Einsetzen der Jungpflanzen muss das Beet keine Naturdüngergabe erhalten. Stattdessen hat sich beim Pflanzen eine mäßige Startergabe Mineraldünger bewährt. Außerdem sollte man während des Wachstums zwei weitere Mineraldüngergaben (vorzugsweise in Wasser aufgelöst) verabreichen, die reichlich Magnesium enthalten.

Um Maximalerträge zu erzielen, sind des Weiteren ein regelmäßiges Hacken sowie eine ausreichende Gießwasserversorgung unerlässlich. Bemerkenswerterweise ist im Freiland kultivierte Paprika weniger krankheitsanfällig als im Gewächshaus angebaute.

P	Pt	A	RA	E
Mi V bis Af VI	über den Wurzeln muss 3 cm Erde sein	50 cm	50 cm	Mi VII bis En IX

PASTINAKE

Die Pastinake, auch Pastinak genannt, toleriert eine höhere Bodenfeuchtigkeit als die Karotte und gedeiht sogar auf anmoorigen Böden noch zufriedenstellend. Besser ist es jedoch, wenn ein tiefgründiges lehmig-sandiges Bodensubstrat mit guter Wasserdurchlässigkeit zur Verfügung steht. Bei der Vorbereitung des Saatbeetes sollte kein Stallmist eingegraben werden. Stattdessen ist 2 Wochen vor der Aussaat das Einarbeiten von Gründünger vorteilhafter. Außerdem wird eine Gabe Mineraldünger verabreicht, sobald die Blätter der Pastinake eine Länge von etwa 15 cm aufweisen.

Das Gemüse eignet sich sehr gut für Mischkulturen mit Zwiebeln. Um die Fläche auf dem Beet optimal zu nutzen, bietet es sich auch an, Radieschen zwischen den Pastinaken zu säen. Bevor letztere intensiver zu wachsen beginnen, sind die Radieschen bereits erntereif.

S	St	A	RA	E
En III bis Mi IV	1 bis 1,5 cm	7 bis 10 cm	30 cm	En IX bis Af XII

PORREE

Porree, auch als Lauch bezeichnet, wird am besten ab Ende Februar in einem Aufzuchtbeet vorgezogen. Unmittelbar vor dem Auspflanzen ins Freiland kürzt man die Wurzeln auf 2 bis 3 cm ein und schneidet auch die Blätter um etwa ein Drittel zurück.

Porree benötigt einen tiefgründigen, humosen, nährstoffreichen Boden. Eine organische Düngung erfolgt vorzugsweise mit viel Komposterde, die nach dem Pflanzen auf dem Beet ausgebracht wird. Während des Wachstums erhält Porree außerdem 1 bis 2 Mineraldüngergaben. Im Interesse einer hohen Ernte ist ein regelmäßiges Hacken und Gießen notwendig. Anfang Juli sollte die Erde um den Porree ein wenig gehäufelt werden.

Das Gemüse wird häufig von den Larven der Lauchmotte befallen, die rötliche Fraßgänge in den Schäften verursachen. Ein derartiger Befall lässt sich durch eine Mischkultur verhindern, indem zwischen zwei Porree-Reihen Rettiche gesät werden.

P	Pt	A	RA	E
En IV bis En VI	12 bis 15 cm	12 cm	25 bis 30 cm	VIII bis II

PUFFBOHNE

Puffbohnen, auch Dicke Bohnen, Pferde,- Sau- oder Ackerbohnen genannt, können bis 1,5 m hoch werden. Sie gedeihen auf jedem Boden. Allerdings lassen sich die besten Erträge auf Beeten mit einem hohen Humusanteil erzielen, welche sich in windgeschützten Bereichen befinden. Eine Düngung ist nicht zwingend erforderlich, dafür haben Puffbohnen jedoch einen sehr hohen Wasserbedarf. Deshalb sollte im Interesse eines reichlichen Fruchtansatzes nicht mit Gießwasser gespart werden. Um die Standfestigkeit zu erhöhen, hat es sich bewährt, die Erde etwas zu häufeln, sobald die Puffbohnen eine Höhe von 30 bis 35 cm erreicht haben.

Sie lassen sich sowohl im rohen (Unterschied zu Busch- und Stangenbohnen, die man roh nicht essen sollte) als auch gegarten Zustand genießen, wofür meist nur junge Exemplare verwendet werden. Von älteren Exemplaren nutzt man in der Küche fast nur die aus den Hülsen herausgepulten Kerne.

S	St	A	RA	E
Mi III	5 cm	20 cm	40 cm	Mi VI bis En VIII

RADIESCHEN

Vom Radieschen, regional auch Radies genannt, das sehr eng mit dem Rettich verwandt ist, existieren zahlreiche Sorten, die sich vor allem in Form, Färbung und Größe unterscheiden. Um schnell zu wachsen, benötigen Radieschen einen vollsonnigen Standort. Um einen Wurmbefall zu vermeiden oder wenigstens zu minimieren, sollte auf dem betreffenden Beet kein frischer Stallmist ausgebracht werden.

Der Boden muss gut wasserdurchlässig sein und mindestens einen mittleren Humusgehalt aufweisen. Das Wachstum wird durch regelmäßiges Gießen und Hacken zusätzlich beschleunigt. Fehlt jedoch eine ausreichende Wasserversorgung, neigen Radieschen dazu, scharf, pelzig und holzig zu werden.

Damit immer nur so viele Radieschen zur Verfügung stehen, dass damit der Bedarf der Familie gedeckt wird, hat es sich bewährt, in 1- bis 2-wöchigen Abständen jeweils 1 bis 2 Reihen auszusäen.

S	St	A	RA	E
Af III bis En VIII	0,5 bis 1 cm	4 cm	20 cm	Mi IV bis Mi X

RATTENSCHWANZWÜRZE

Die Rattenschwanzwürze, auch Rattenschwanz- oder Luft-Radieschen genannt, ist ein violett blühendes Kohlgewächs. Die Fruchtschoten eignen sich sowohl im rohen als auch gegarten Zustand zum Verzehr. Im rohen Zustand ähnelt ihr Geschmack demjenigen von Rettichen und Radieschen. Dagegen erinnert der süßliche Geschmack von gegarten Fruchtschoten mehr an Erbsen. Um zu vermeiden, dass das Erntegut „holzig" wird, sollte man die Schoten sofort abpflücken, sobald sie einen prall gefüllten Zustand erreichen.

Rattenschwanzwürze benötigt einen sonnigen Standort sowie lockeren, humosen Boden, der leicht feucht ist. Drei Wochen nach dem Auflaufen verabreicht man eine mäßige Mineraldüngergabe. Sobald die Rattenschwanzwürze eine Wuchshöhe von 15 cm erreicht hat, häufelt man die Erde in den Reihen etwas an. Dadurch erhalten die 70 bis 100 cm hoch werdenden Pflanzen mehr Standfestigkeit.

S	St	A	RA	E
IV bis VI	1,5 cm	15 bis 20 cm	40 cm	Mi VI bis En VIII

RETTICH

Vom Rettich sind Frühjahrs-, Sommer-, Herbst- und Wintersorten bekannt, woraus unterschiedliche Saat- und Erntezeiten resultieren. Je nach Sorte hat die Schale eine weiße, rote, violette, dunkelbraune oder schwarze Färbung. Um üppig zu gedeihen, benötigen Rettiche humusreiche Böden mit guter Wasserdurchlässigkeit. Vor der Aussaat darf das Beet nicht mit Stallmist gedüngt werden, weil dieser die Entwicklung von Würmern in den Rettichen begünstigt. Während der Wachstumsphase verabreicht man dem Rettich 1 bis 2 mineralische Düngergaben. Außerdem fördert regelmäßiges Hacken und Gießen die Frohwüchsigkeit sowie die Qualität, die sich dann in einem etwas milderen Geschmack äußert.

Für frische Rettiche empfiehlt es sich, je nach Wetterlage bedarfsgerecht zu ernten und so die Erntezeit so lange wie möglich zu „strecken". Dabei schadet es nicht, wenn die Rettiche kurzzeitig Frösten (bis minus 5 Grad) ausgesetzt sind.

S	St	A	RA	E
Af III bis Mi VII	1 bis 2 cm	8 bis 10 cm	25 cm	Mi V bis Mi XI

RHABARBER

Rhabarber ist sehr langlebig und robust. Obwohl er auch im Halbschatten gedeiht, fühlt er sich auf sonnigen Standorten wohler. Er benötigt tiefgründiges, nährstoffreiches Bodensubstrat, welches sich schnell erwärmt und nie völlig austrocknet. Allerdings mag Rhabarber keine Staunässe. Gedüngt wird vorzugsweise mit „fettem" Stallmist oder Komposterde. Ein regelmäßiges, reichliches Gießen fördert die Ausbildung dicker langer Stängel.

Bei der Ernte ist zu beachten, dass die Stängel nicht abgeschnitten, sondern aus der Pflanze herausgebrochen werden. Dabei hat es sich bewährt, keinen „Kahlschlag" durchzuführen, sondern an jeder Pflanze mindestens ein Drittel der Stängel samt Blättern zu belassen. Wenn der Rhabarber Blütenstände bildet, sind diese ebenfalls sofort herauszubrechen. Dadurch vermeidet man, dass er seine „Kraft" in die Blüten, anstatt in die Stängel investiert.

P	Pt	RA	E
En VIII bis En X	über den Wurzeln muss 7 cm Erde sein	pro Pflanze muss ¾ bis 1 qm Platz vorhanden sein	Af V bis En VI

ROSENKOHL

In der Vergangenheit wurde Rosenkohl aufgrund seines hohen Gehaltes an Bitterstoffen von vielen Menschen nicht gern gegessen. Inzwischen gibt es aber Züchtungen, die nahezu bitterstofffrei sind und sehr mild schmecken.

Das Vorziehen in einem Anzuchtbeet erfolgt ab April. Die Jungpflanzen pikiert man, wenn sie 3 cm hoch sind und vereinzelt sie anschließend auf 7 cm.

Rosenkohl ist sehr nährstoffhungrig. Deshalb hat es sich bewährt, ihn auf abgeerntete Erbsenbeete zu setzen, in die man neben dem Erbsenstroh auch Stallmist eingräbt oder Komposterde darauf ausbringt. Außerdem sollte dieses Gemüse während der Wachstumsphase zwei weitere mineralische Düngergaben erhalten.

Bei Rosenkohl, der ab November geerntet wird, bricht man Mitte September die Triebspitzen ab. Dadurch investiert er seine „Kraft" nicht mehr ins Längenwachstum, sondern in den Masseertrag der Röschen.

P	Pt	RA	E
En V bis En VI	über den Wurzeln muss 2 cm Erde sein	pro Pflanze ist eine Fläche von 50 x 50 cm zu veranschlagen	Mi X bis En II

ROTE BETE

Bei der Roten Bete, die auch als Rote Rübe bezeichnet wird, handelt es sich um ein recht ertragssicheres, frohwüchsiges und relativ anspruchsloses Gemüse, welches sehr gesund ist. Roh genossen, erinnert ihr Geschmack an den von Karotten. Um besonders hohe Erträge zu erzielen, muss man sie regelmäßig hacken und gießen. Nach dem Auflaufen verabreicht man etwas Mineraldünger, der Bor enthält, um eine Herzfäule weitgehend zu verhindern.

Normalerweise wird Rote Bete dichter ausgesät und nach dem Auflaufen vereinzelt. Dieses dichtere Säen birgt den Vorteil, dass man während des Vereinzelns die kräftigsten Exemplare stehen lassen kann. Außerdem verringert sich gegenüber einer Aussaat, bei der sofort die Abstände eingehalten werden, die Gefahr, dass Kahlstellen auftreten, falls ein paar Pflanzen nicht auflaufen.

Wenn man Rote Bete mit Dill als Nachbarpflanze anbaut, stimuliert man dadurch deren Keimungsbereitschaft.

S	St	A	RA	E
En IV bis Af VI	3 cm	10 bis 12 cm	25 bis 30 cm	En VII bis Af XI

ROTKOHL

Vom Rotkohl existieren sowohl frühe als auch mittelspäte Sorten. Das Vorziehen im Anzuchtbeet kann ab Februar erfolgen. Sobald die Jungpflanzen eine Höhe von 3 cm erreicht haben, werden sie pikiert und auf Abstände von 7 bis 8 cm vereinzelt.

Rotkohl hat ein sehr starkes Nährstoffbedürfnis. Er benötigt einen humosen, immer leicht feuchten, jedoch nicht staunassen Boden, dessen pH-Wert möglichst im schwach basischen Bereich liegt. Vor der Pflanzung sollte reichlich Stallmist oder Gründünger (zum Beispiel die Reste von einem abgeernteten Erbsenbeet) eingegraben und/oder Komposterde ausgebracht werden. Für hohe Erträge sind eine ausreichende Wasserversorgung und ein regelmäßiges Hacken unerlässlich.

Die Erntereife prüft man am besten in der Weise, dass die „Köpfe" leicht zwischen beiden Händen gedrückt werden. Dabei müssen sie sich fest anfühlen.

P	Pt	RA	E
Af IV bis En VI	über den Wurzeln muss 2 cm Erde sein	pro Pflanze ist eine Fläche von 50 x 50 cm zu veranschlagen	Af VII bis Mi XI

SCHWARZWURZEL

Schwarzwurzel erinnert in ihrem Geschmack an Spargel. Im Unterschied zu diesem erreicht sie jedoch ihre Erntereife deutlich schneller. Sie benötigt einen humusreichen, leicht feuchten (jedoch keinesfalls staunassen), tiefgründigen Standort. Es hat sich bewährt, wenn das Beet vor der Aussaat zwei Spatenstiche tief umgegraben wurde. Dabei darf kein Einbringen von Stallmist erfolgen. Stattdessen verabreicht man drei kleinere Mineraldüngergaben, die reichlich Stickstoff, jedoch wenig Kalk enthalten.

Da der Boden im März oftmals sehr feucht ist und sich dann ein sachgerechtes Umgraben kaum realisieren lässt, sollte das Saatbett bereits im Herbst des Vorjahres vorbereitet werden. Unmittelbar vor der Aussaat führt man nur ein kurzes Nachglätten mit dem Rechen durch, dabei wird auch eventuell aufgelaufenes Unkraut entfernt. Das Ernten erfolgt mittels einer Grabgabel, mit der man die Wurzeln vorsichtig aus dem Boden hebelt.

S	St	A	RA	E
III bis IV	2 cm	6 bis 7 cm	30 cm	X bis IV

SPINAT

Spinat stellt eine der besten Vor- und Nachfrüchte dar. Er zeichnet sich durch Robustheit und Ertragssicherheit aus. Er benötigt humosen Boden und eine gute Wasserversorgung, welche die Grundvoraussetzung für ein schnelles Wachstum ist. Um zu vermeiden, dass in schneearmen Jahren die aufgelaufenen Jungpflanzen von Winterspinat durch Kahlfröste geschädigt werden, kann man diese bis zum Frühjahr mit etwas Nadelreisig bedecken. Während der Wachstumsphase erhält Spinat eine Mineraldüngergabe.

Die landläufige Behauptung, Spinat enthalte viel Eisen, ist falsch. Sie basiert auf einem Kommafehler. Statt des tatsächlichen Eisengehalts von 2,9 mg/100 g Spinat hatte diesen jemand mit 29 mg angegeben. Da lange keine Überprüfung erfolgte, manifestierte sich dieser Fehler. Ungeachtet dessen enthält Spinat aber viel Magnesium und Vitamine des B-Komplexes.

S	St	A	RA	E
I bis III und/oder VII bis IX	2 cm	3 bis 4 cm	20 cm	IV bis V und III bis IV

SPARGEL

Spargel benötigt einen vollsonnigen Standort mit einem lockeren, nährstoffreichen, wasserdurchlässigen Bodensubstrat. Das Beet wird 40 cm tief ausgehoben. In diese Vertiefung füllt man eine 25 cm starke Schicht Stallmist. Darüber deckt man 10 cm Komposterde und legt auf diese die vorgezogenen oder gekauften Spargelpflanzen. Deren Abdeckung erfolgt ebenfalls mit einer 10 cm starken Schicht Komposterde. Sobald die Pflanzen 30 cm hoch sind, wird die Erde auf dem Beet dammartig gehäufelt. Im Herbst jeden Jahres schneidet man die vergilbten oberirdischen Pflanzenteile ab. Außerdem erhält Spargel pro Jahr zwei Gaben Mineraldünger. Für die Ertragsbildung sind das kontinuierliche Feuchthalten des Beetes sowie das Jäten von Unkräutern wichtig.

Die Ernte beginnt im 3. Jahr. Spargel wird gestochen, wenn sich im Damm Risse zeigen. Dazu legt man den Spargel vorsichtig frei, schneidet ihn so tief wie möglich ab und bedeckt die Stelle mit Erde.

P	Pt	A	RA	E
En III bis En IV	40 cm	40 cm	150 cm	En IV bis Mi VI

STANGENBOHNEN

Zunächst baut man aus 3 m langen Stangen ein Gerüst, wobei die einzelnen Stangen 50 cm tief im Beet versenkt werden, sodass sie danach 2,5 m aus dem Boden ragen.

In der Praxis haben sich zwei Gerüst-Varianten bewährt. Bei der ersten platziert man in Abständen von 55 cm zwei gegenüberstehende Stangen schräg in den Boden, sodass sich diese in einer Höhe von 2 m kreuzen. Anschließend bindet man Stangenpaare zusammen und arretiert über ihnen eine Querstange. Bei der zweiten Variante stellt man 4 bis 5 Stangen, deren Abstände zueinander 80 bis 100 cm betragen, kegelähnlich auf. An der Außenseite jeder Stange legt man halbkreisförmig 5 bis 8 Samenkörner. Nachdem die Stangenbohnen 15 bis 20 cm groß sind, häufelt man die Erde ein wenig an und windet die Triebe um die Stangen.

Stangenbohnen haben einen größeren Wasserbedarf als Buschbohnen, der vor allem von Anfang Juli bis Mitte August sehr hoch ist.

S	St	A	RA	E
Mi V bis En V	2 bis 3 cm	50 bis 55 cm	80 cm	Af VIII bis En IX

TOMATE

Eine Anzucht aus Samen erfolgt zwischen Ende März und Anfang April in einem hellen Raum bei Temperaturen von mindesten 22 Grad. Die Anzuchterde muss stets leicht feucht sein. Um das Keimen zu unterstützen, wird eine transparente Folientüte über das Aussaatgefäß gestülpt, wodurch ein „Minigewächshaus" entsteht. Sobald die Tomaten aufgelaufen sind, entfernt man die Tüte.

Tomaten benötigen sonnige Standorte und humusreiche, lockere Böden, die regelmäßig gehackt werden. Eine ausreichende Wasserversorgung, die nicht „über Kopf" erfolgen darf, wirkt ertragsfördernd.

Während des Wachstums sprießen kleine Verzweigungen aus den Blattachseln, die man Geiztriebe nennt. Damit Tomaten ihre Kraft nicht in diese Triebe investieren, kneift man diese mit Daumen und Zeigefinger ab. Im Interesse der Fruchtentwicklung „köpft" man die Spitzen der Tomaten, sobald diese 6 bis 7 Rispen ausgebildet haben.

P	Pt	RA	E
Mi V bis Mi VI	über Wurzeln muss 5 cm Erde sein	pro Pflanze ist ½ qm Platz zu veranschlagen	Mi VII bis Af X

WEIßKOHL

Vom Weißkohl existieren sowohl frühe, mittelfrühe als auch späte Sorten. Das Vorziehen im Anzuchtbeet kann ab Februar erfolgen. Sobald die Jungpflanzen eine Höhe von 3 cm erreicht haben, werden sie pikiert und auf Abstände von 7 bis 8 cm vereinzelt. Beim Auspflanzen kann man in jedes Pflanzloch etwas Algenkalk geben. Dieser wirkt gegen die Kohlhernie, eine Krankheit, die Weißkohl oft befällt.

Um reichlich Blattmasse zu entwickeln, benötigt dieser Kohl einen sonnigen, humosen Standort. Vor der Pflanzung sollte reichlich Stallmist oder Gründünger (zum Beispiel die Reste eines abgeernteten Erbsenbeetes) eingegraben beziehungsweise Komposterde ausgebracht werden. Für die weitere Entwicklung sind eine gute Wasserversorgung und regelmäßiges Hacken sehr wichtig. Wenn die „Kopfbildung" beginnt, erfolgt eine Zweitdüngung am besten mit Hornspänen, Steinmehl oder einer Pflanzenjauche.

P	Pt	RA	E
Mi III bis Af VII	über den Wurzeln muss 2 cm Erde sein	pro Pflanze ist eine Fläche von 50 x 50 cm zu veranschlagen	Af VII bis Mi XI

WIRSING

Wirsing ist sehr eng mit dem Weißkohl verwandt, weshalb sich sowohl die Kultivierungs- als auch die Pflegeansprüche beider Pflanzen weitgehend gleichen (siehe hierzu Weißkohl). Unterschiede bestehen zwischen beiden Kohlgewächsen in der Blattstruktur. Während der Wirsing gekrauste Blätter hat, sind diese beim Weißkohl glatt. Außerdem ist Wirsing im Geschmack etwas milder, weshalb ihn viele dem Weißkohl vorziehen. Wie alle Kohlarten sind beide aus Sicht einer gesunden Ernährung als ausgesprochen hochwertig einzustufen. Sie enthalten unter anderem B-, C- und E-Vitamine, Folsäure, Kalzium, Zink sowie Eisen. Gleichzeitig wirken sie immunsystemstärkend, cholesterinsenkend und reduzieren das Risiko, an Krebs zu erkranken.

P	Pt	RA	E
Mi III bis Af VII	über den Wurzeln muss 2 cm Erde sein	pro Pflanze ist eine Fläche von 50 x 50 cm zu veranschlagen	Af VII bis Mi X

ZUCCHINI

Etwas übertrieben ausgedrückt, kann man der Zucchini fast dabei zusehen, wie schnell ihre gurkenähnlichen Früchte wachsen. Je nach Sorte besitzen diese eine grüne, gelbe, weißliche oder grün gestreifte Färbung.

Der Standort sollte sich vorzugsweise in der Vollsonne befinden. Außerdem benötigt die Zucchini einen lockeren, humusreichen Boden und muss regelmäßig (im Hochsommer oftmals täglich) kräftig gegossen werden.

Zucchinis haben einen sehr hohen Nährstoffbedarf. Deshalb ist es von Vorteil, wenn man kurz vor der Pflanzung reichlich Stallmist untergräbt und während der Wachstumsphase weitere drei Mineraldünger-Gaben erfolgen.

P	Pt	RA	E
Mi V bis Mi VI	über den Wurzeln muss 3 cm Erde sein	pro Pflanze ist eine Fläche von 80 x 80 cm zu veranschlagen	Af VII bis En XI

ZWIEBEL

Obwohl ab März auch eine Aussaat von Samen möglich ist, erfolgt der Zwiebelanbau größtenteils mit sogenannten Steckzwiebeln, deren Durchmesser 1 bis 1,5 cm beträgt.

Von der Zwiebel, von der es weiß-, rot- sowie gelbschalige Exemplare gibt, lässt sich nicht nur die Knolle, sondern auch das Laub in der Küche verwenden. Im Interesse einer üppigen Knollenentwicklung sollte man aber pro Pflanze nur 1 bis 2 Blätter abschneiden.

Zwiebeln mögen Standorte mit einem mäßig feuchten Boden. Sehr wichtig ist, das Zwiebelbeet stets unkrautfrei zu halten. Zur Ernte sollte das Laub zumindest weitgehend abgestorben sein. Oftmals wird der Fehler begangen, das grüne Laub umzuknicken und anschließend die Zwiebel noch einige Zeit auf dem Beet zu belassen, verbunden mit der Hoffnung, dass diese weiterwachsen. Doch das ist ein Irrtum. Sobald das Laub umgeknickt ist, erfolgt keine Photosynthese mehr und damit auch kein Massezuwachs.

P	Pt	A	RA	E
En III bis Af V	1 bis 1,5	5 cm	20 cm	VIII bis Af IX

KRÄUTER

Inmitten des Gartenreichs gibt es einen besonderen Schatz, der die Sinne verzaubert und Gerichte veredelt – die Kräuter. Mit ihrer aromatischen Vielfalt und ihren heilenden Eigenschaften bereichern sie nicht nur den Selbstversorgergarten, sondern auch das tägliche Leben.

Kräuter sind die stillen Helden des Gartens, die mit ihren duftenden Blättern und zarten Blüten die Gaumen verwöhnen und die Küche mit ihrer unvergleichlichen Frische bereichern. Ob aromatische Basilikumblätter, würziger Rosmarin, erfrischende Zitronenmelisse oder beruhigender Lavendel – jede Kräutersorte hat ihren eigenen Charakter und ihre eigenen Verwendungsmöglichkeiten.

In diesem Kapitel geht es darum, sich mit den wichtigsten Kräutersorten vertraut zu machen und ihre Anbau- und Pflegebedürfnisse zu erkunden.

Willkommen im Reich der Kräuter, wo jede Pflanze eine Geschichte zu erzählen hat und jede Ernte ein Fest für die Sinne ist.

BÄRLAUCH

Der relativ anspruchslose Bärlauch verströmt sehr intensiven Knoblauchgeruch. Seine Kulturform entspricht weitgehend der Wildform. Auf humosen Böden neigt Bärlauch zu üppigem Wachstum sowie zur Bildung dichter Bestände. Außer den Blättern, Blüten und Blütenknospen (als Bärlauch-Kapern eingelegt) lassen sich auch die kleinen weißen, im Boden befindlichen Zwiebeln nutzen. Alle Teile kann man roh und gegart verzehren.

ein-/mehrjährig	Standort	Ernte
mehrjährig	halb- bis vollschattig, feucht	En III bis En IV

BASILIKUM

Basilikum wird auch als Basilien- oder Königskraut bezeichnet. Es besitzt eine intensive Würzkraft. Aufgrund seiner hohen Frostempfindlichkeit darf eine Freilandaussaat frühestens kurz vor den Eisheiligen (15. Mai) erfolgen. Basilikum eignet sich auch gut für Topfkulturen auf der Fensterbank. Neben grünblättrigen existieren weinrotviolette sowie in den unteren Bereichen verholzende Sorten. Letztere werden als Strauchbasilikum bezeichnet.

ein-/mehrjährig	Standort	Ernte
einjährig	sonnig, leicht feucht	VI bis En VIII

BEIFUß

Der oft über einen Meter hoch werdende, verzweigende Beifuß zeichnet sich im Jugendstadium durch seinen leicht bitteren Geschmack aus. Es ist ratsam, seine Blätter möglichst bis Mai zu pflücken, da der Beifuß ab diesem Zeitpunkt zu blühen beginnt und dann sein Bitterstoffgehalt stark ansteigt. Die Blätter lassen sich am besten frisch verwerten oder einfrieren. Außerdem besteht die Möglichkeit, komplette Pflanzen abzuschneiden, um diese anschließend in kleinen Bündeln an der Luft zu trocknen. Wenn man Gartenfläche sparen möchte, kann man Beifuß auch in der Natur ernten, wo er sehr häufig zu finden ist. Beifuß wird gern zum Würzen von Gänse-, Hammel- und fettigem Schweinebraten verwendet, wobei man ihn aufgrund der erwähnten Bitterstoffe sparsam einsetzen sollte. Des Weiteren wird er in der Hausmedizin als Tee genutzt, da er antibakterielle, antirheumatische, durchblutungsfördernde, schlaffördernde und verdauungsaktivierende Wirkungen besitzt.

ein-/mehrjährig	Standort	Ernte
mehrjährig	sonnig, trocken	bis V

BOHNENKRAUT

Von dem pflegeleichten Bohnenkraut existieren zwei Arten, die als Berg- oder Winter- beziehungsweise als Sommerbohnenkraut bezeichnet werden. Das mehrjährige Bergbohnenkraut ist ein immergrüner Halbstrauch. Im Unterschied zu diesem handelt es sich beim Sommerbohnenkraut um eine einjährige Pflanze. Wegen dessen Frostempfindlichkeit sollte die Aussaat erst kurz vor dem 15. Mai erfolgen. In der Küche verwendet man beide Arten identisch.

Blühendes Bergbohnenkraut

ein-/mehrjährig	Standort	Ernte
ein-/mehrjährig	sonnig, trocken	V bis XI

BORRETSCH

Der oft auch als Gurkenkraut bezeichnete Borretsch ist sehr robust und wuchsfreudig. Er gehört zur Familie der Raublattgewächse. Seine Blattoberflächen fühlen sich rau bis fast stachelig an. Borretsch enthält sehr viel Vitamin C. Er wird bis zu 1 m hoch und mag humose, nährstoffreiche Böden. Insofern man an einigen Exemplaren Samen ausbilden lässt, sät sich diese Pflanze normalerweise immer wieder von selbst aus.

ein-/mehrjährig	Standort	Ernte
einjährig	sonnig, schwach feucht	VI bis VIII

DILL

Die ebenfalls geläufige Populärbezeichnung „Gurkenkraut" kann zu Irritationen führen, weil sie auch für Borretsch gebräuchlich ist. Für Dill erstreckt sich die günstigste Aussaatzeit von April bis Juni, wobei die Saattiefe 0,5 bis 1 cm betragen sollte. Neben einem Anbau in Reihen, in denen die Abstände 5 bis 10 cm betragen, kann man Dill auch breitwürfig über das gesamte Beet (beispielsweise in Mischkultur mit Gurken) verteilen.

Doldiger Blütenstand

ein-/mehrjährig	Standort	Ernte
einjährig	sonnig, leicht feucht	VII bis X

ESTRAGON

Der bis 1,5 m hohe Estragon wird auch als Französischer und Deutscher Estragon, sowie Bertram (nicht zu verwechseln mit der Heilpflanze Echter Bertram) bezeichnet. Estragon ist eine sehr robuste Pflanze, die sich gut an die unterschiedlichsten Umweltbedingungen anpasst. Die Aussaat erfolgt zwischen Mitte März und Ende April. Für die Küche erntet man nur die Triebspitzen, die etwas zarter sind als die restlichen Blätter.

ein-/mehrjährig	Standort	Ernte
mehrjährig	sonnig bis habschattig, schwach feucht	V bis VIII

GARTENKRESSE

Gartenkresse wächst enorm zügig. Sie hat einen scharfen Geschmack und enthält sehr viele Vitamine und Mineralstoffe. Gleichzeitig gehört sie zu jenen Pflanzen, die auf nahezu jedem Boden gedeihen. Sie ist ein Lichtkeimer, weshalb man ihre Samen nur auf dem Erdreich andrückt. Um den Keimungsprozess noch mehr zu beschleunigen, kann eine Klarsichtfolie über die Samen gelegt werden. Oft kann schon 14 Tage nach der Aussaat geerntet werden.

ein-/mehrjährig	Standort	Ernte
einjährig	sonnig, feucht	IV bis IX

KAPUZINERKRESSE

Von der Kapuzinerkresse sind sowohl die Blüten als auch die Blätter essbar, welche einen senfähnlichen Geschmack haben. Das nicht frostharte Gewächs muss im März in einem Anzuchtbeet vorgezogen und darf erst nach den Eisheiligen ins Freiland gesetzt werden. Im Interesse eines reichlichen Blattansatzes benötigt es reichlich Gießwasser, welches man nicht „über Kopf", sondern in Nähe der „Füße" verabreicht.

ein-/mehrjährig	Standort	Ernte
in Mitteleuropa einjährig	sonnig-halbschattig, leicht feucht	VI bis IX

KNOBLAUCH

Knoblauch kann man in gewisser Weise gleichzeitig als Gemüse und Küchenkraut ansehen. Er besitzt zahlreiche therapeutische sowie prophylaktische Wirkungen. Der Anbau erfolgt in der Regel durch das Stecken sogenannter Zehen. Er ist sowohl im September/Oktober als auch im März möglich. Allerdings werden beim Herbstanbau größere Zwiebeln mit mehr Fruchtmasse erzielt. Man kann sowohl die Zwiebeln als auch das Laub verzehren.

ein-/mehrjährig	Standort	Ernte
mehrjährig	sonnig, schwach feucht	VII bis X

KORIANDER

Koriander wird auch als Asiatische Petersilie bezeichnet. Er mag lockeren, kalkhaltigen Boden und windgeschützte Beete. Es lassen sich sowohl die Blätter als auch die reifen Samen verwenden, die ein kräftiges süß-herbes Aroma besitzen. Die Aussaat erfolgt Mitte April, in 1 cm tiefen Saatrillen, bei Reihenabständen von 20 cm. Die aufgelaufenen Jungpflanzen werden auf Abstände von 15 cm vereinzelt.

ein-/mehrjährig	Standort	Ernte
einjährig	sonnig bis halbschattig, frisch	VI bis IX

KRAUT DER UNSTERBLICHKEIT

Das Kraut der Unsterblichkeit wird auch als Jiaogulan bezeichnet. Es stammt aus Asien und erfreut sich wegen der Heilwirkung bei stressbedingten Krankheiten wachsender Beliebtheit. Es bildet bis 3 m lange Klettertriebe und benötigt deshalb eine Rankhilfe. Zur Deckung des Nährstoffbedarfs sollte es jährlich zwei mäßige Mineraldünger-Gaben erhalten. Pro Pflanze ist eine Anbaufläche von 40 x 40 cm zu veranschlagen.

ein-/mehrjährig	Standort	Ernte
mehrjährig	Sonnig - halbschattig, leicht feucht	VI- IX

KÜMMEL

Vom Kümmel finden die Samen in der Küche und der Volksmedizin Verwendung. Er benötigt nährstoffreiches Bodensubstrat. Die Aussaat erfolgt in Reihen, deren Abstände 30 cm betragen. Innerhalb der Reihe ist ein Saatabstand von 15 cm einzuhalten. Kümmel ist ein Lichtkeimer, weshalb die Samen nur mit der flachen Hand angedrückt werden. Man erntet die Samenstände, sobald die Früchte dunkelbraun sind.

Doldiger Blütenstand

ein-/mehrjährig	Standort	Ernte
zweijährig	sonnig, feucht	VII bis VIII

LIEBSTÖCKEL

Der oft auch als Maggikraut bezeichnete Liebstöckel ist eine robuste, pflegeleichte Pflanze. Entweder erfolgt im April eine Aussaat oder man pflanzt ein Stück eines Rhizoms ein. Im Verlauf der Jahre entwickelt sich Liebstöckel oft zu einer buschähnlichen Pflanze, die bis 2 m hoch wird. Im Herbst schneidet man das verwelkte Laub ab und deckt den Standort mit etwas Nadelreisig ab. Dadurch treibt er im Frühjahr schneller aus.

ein-/mehrjährig	Standort	Ernte
mehrjährig	sonnig bis halbschattig, feucht	V bis VI

MAJORAN

Majoran ist ein Halbstrauch aus dem Mittelmeerraum. Er kann entweder ab Mitte März im Anzuchtbeet vorgezogen oder ab dem 15. Mai ins Freiland gesät werden. Majoran ist ein Lichtkeimer. Das Saatgut wird nicht mit Erde bedeckt, sondern nur mit der Hand angedrückt. Majoran ist nicht frosthart. Deshalb muss man das Gewürz vor den ersten Frösten aus dem Beet nehmen und als Topfkultur in einem hellen Raum überwintern.

ein-/mehrjährig	Standort	Ernte
einjährig	sonnig, kalkhaltig, trocken	VI bis IX

MEERRETTICH

Vom Meerretich, auch Kren genannt, werden die Wurzeln wegen ihres scharf-aromatischen Geschmacks genutzt. Er benötigt ein tiefgründiges, nährstoffreiches Bodensubstrat mit hohem Stickstoff- und Kaliumgehalt. Zum Anbau werden Wurzelstücke, fachmännisch als Fechser bezeichnet, schräg in den Boden (in einem Winkel von 45 Grad) eingegraben. Nach dem Ausgraben des Erntegutes ist die Entnahmestelle mit reichlich Komposterde aufzufüllen.

ein-/mehrjährig	Standort	Ernte
mehrjährig	sonnig, sehr feucht	IX bis IV

OREGANO

Oregano, auch als Wilder Majoran, Staudenmajoran und Echter Dost bezeichnet, hat im Unterschied zum süßlicheren Majoran einen leicht herben Geschmack. Da Oregano zum Wuchern neigt, sollte er im Frühjahr nicht nur zurückgeschnitten, sondern gegebenenfalls auch abgestochen werden.

In Regionen mit sehr kalten Wintern empfiehlt es sich, ihn im Spätherbst mit einer Stroh-Falllaub-Schicht abzudecken.

ein-/mehrjährig	Standort	Ernte
mehrjährig	sonnig, kalkhaltig, trocken	VI bis IX

PETERSILIE

Von Petersilie existieren sowohl Sorten mit stark gekräuselten als auch mit glatten Blättern. Letztere sind massereicher. Sie werden als Blatt-Petersilien bezeichnet und sind resistenter gegen Schädlinge und Krankheiten. Des Weiteren gibt es Unterarten mit stark verdickten, essbaren Wurzeln, die man Wurzel- oder Knollenpetersilien nennt. Die Aussaat erfolgt Ende März. Bis zum Auflaufen vergehen 2 bis 4 Wochen.

Rechts: Sorte mit glatten Blättern

Links: Wurzelpetersilie

ein-/mehrjährig	Standort	Ernte
anderthalbjährig	sonnig, leicht feucht	V bis X

PFEFFERMINZE

Im Vergleich zu anderen Minzen, wie etwa Ananas- und Apfel-Minze, wird die Pfefferminze am häufigsten kultiviert. Sie neigt zu üppigem Wachstum und ist extrem regenerationsfreudig. Um ungehemmtes Ausbreiten zu vermeiden, bietet es sich an, diese in einem großen ins Beet gesetzten Kübel zu kultivieren, dessen Boden zuvor entfernt wurde. Damit Pfefferminze nicht trotzdem „flieht", sollte der Kübelrand 15 cm aus der Erde ragen.

ein-/mehrjährig	Standort	Ernte
mehrjährig	sonnig bis habschattig, feucht	Ende IV bis IX

ROSMARIN

Rosmarin ist ein immergrüner, nicht frostharter Halbstrauch. Das Auspflanzen ins Freiland erfolgt nach den Eisheiligen. Vor den ersten Herbstfrösten wird Rosmarin wieder ausgegraben und als Topfkultur in einem hellen Raum überwintert.

Bei einer im März in einem Anzuchtbeet durchgeführten Aussaat ist zu beachten, dass Rosmarin zu den Lichtkeimern gehört und deshalb die Samen nur mit der Hand auf dem Erdreich angedrückt werden.

ein-/mehrjährig	Standort	Ernte
mehrjährig	sonnig, trocken, kalkhaltig	Ende V bis IX

ECHTER SALBEI

Echter Salbei wird auch als Garten-, Gewürz- oder nur Salbei bezeichnet. Es handelt sich um einen bis 50 cm hohen Halbstrauch, von dem Sorten mit graugrünem, gelbem und violettem Laub existieren. Alljährlich empfiehlt es sich, Echten Salbei nach dem Abklingen der letzten Frühjahrsfröste etwas zurückzuschneiden. Zu diesem Zeitpunkt kann man auch ein wenig organischen Dünger um den „Fuß" verteilen, wofür sich Pferdemist bestens eignet.

ein-/mehrjährig	Standort	Ernte
mehrjährig	trocken, sonnig, kalkreich	V bis VII

SCHNITTLAUCH

Beim Schnittlauch handelt es sich um eine robuste Pflanze, die sich gut unterschiedlichen Umweltbedingungen anpasst. Weniger bekannt ist, dass Schnittlauch in der Natur oft feuchte bis staunasse Standorte besiedelt. Deshalb sollte man nie am Gießwasser sparen, um üppige Exemplare zu erhalten. Beim Saatgut kann man zwischen fein- und grobröhrigen Sorten wählen. Die Aussaat erfolgt Ende März/Anfang April in Reihen oder als flächiger Bestand.

Doldiger Blütenstand

ein-/mehrjährig	Standort	Ernte
mehrjährig	sonnig, sehr feucht	IV bis X

SÜẞDOLDE

Sämtliche Teile der bis 60 cm hohen Süßdolde weisen einen Geschmack auf, der an Anis erinnert. Pro Pflanze ist eine Fläche von 70 x 70 cm zu veranschlagen. Das Bodensubstrat muss humusreich und vor allem kalkhaltig sein. Man kann im Handel eine entsprechende Menge an Süßdolde (in der Regel reicht ein Exemplar zur Deckung des Familienbedarfs) erwerben oder diese ab Februar im Aufzuchtbeet vorziehen und im April auspflanzen.

ein-/mehrjährig	Standort	Ernte
mehrjährig	halbschattig, feucht	IV bis VI

THYMIAN

Thymian ist ein Halbstrauch, der sehr empfindlich auf Staunässe reagiert. Er wird Ende Februar im Anzuchtbeet vorgezogen oder im April im Freiland ausgesät. Da er zu den Lichtkeimern gehört, drückt man das Saatgut nur mit der Hand auf dem Boden an. Im Frühjahr kürzt man die Zweige um ein Drittel und stimuliert dadurch neuen Austrieb. Durch das Abdecken des Thymians mit Vlies wird ein winterlicher Blattabwurf verhindert.

ein-/mehrjährig	Standort	Ernte
mehrjährig	sonnig, trocken, kalkhaltig	VI bis IX

WALDMEISTER

Der bis 50 cm hohe Waldmeister wird auch als Wohlriechendes Labkraut bezeichnet. Es lassen sich sowohl die beblätterten Stängel als auch die Blüten in der Küche verwenden. Waldmeister mag es, wenn man ihn unter schattenspendenden Gehölzen platziert, die auf humosem Boden wachsen. Bei diesem Gewächs handelt es sich um einen sogenannten Kaltkeimer, dessen Samen zwischen Dezember und Februar 5 cm tief ausgesät werden.

ein-/mehrjährig	Standort	Ernte
mehrjährig	halb-/vollschattig, feucht	IV bis V

ZITRONENMELISSE

Die bis zu 90 cm hoch werdende Zitronenmelisse neigt dazu, sich zu einem dichten, büschelartigen Bestand zu entwickeln. Gleichzeitig zeigt sie oft ein enormes Ausbreitungsbedürfnis. Aus diesem Grund empfiehlt es sich, sie ähnlich wie die Pfefferminze in einem bodenlosen Kübel zu platzieren, der zuvor in die Erde eingegraben wurde. Die Populärbezeichnung resultiert daraus, dass die Blätter ein feines Zitronenaroma aufweisen.

Doldiger Blütenstand

ein-/mehrjährig	Standort	Ernte
mehrjährig	sonnig, trocken	IV bis VI

OBST

Die süßen Schätze des Obstgartens sind saftige Äpfel, köstliche Beeren, duftende Pfirsiche und viele andere Früchte, die nicht nur die Geschmacksknospen erfreuen, sondern auch die Sinne mit ihrer Schönheit und Vielfalt begeistern.

Der Obstgarten ist eine Oase der Fülle, ein Ort, an dem buchstäblich die Früchte der Arbeit geerntet und der Reichtum der Natur genossen werden können. Vom ersten zarten Blütenhauch im Frühling bis zur reichen Ernte im Herbst begleiten die Obstbäume durch die Jahreszeiten und schenken immer wieder neue Freude und Genuss.

In diesem Kapitel geht es um eine Vielzahl von Obstsorten, ihre Anbauanforderungen und bewährte Tipps für eine reiche Ernte. Die Vielfalt der Früchte wird erkundet, von klassischen Favoriten bis hin zu exotischen Köstlichkeiten.

Ob frisch gepflückt vom Baum, zu köstlichen Marmeladen und Kompotten verarbeitet oder als Zutat in verlockenden Desserts und erfrischenden Getränken – Obst bereichert das Leben auf vielfältige Weise und schenkt unvergessliche Genussmomente.

Willkommen im Reich des Obstes!

APFEL

Apfelbäume unterscheiden sich unter anderem in Färbung, Größe, Geschmack, Reifezeit und Lagerfähigkeit ihrer Früchte. Deshalb ist es ratsam, keine neue Sorte zu erwerben, ohne sie zuvor gekostet und sich über ihre Eigenschaften informiert zu haben. Beispielsweise ist der (Schöne aus) Boskop aufgrund seines recht säuerlichen Geschmacks nicht jedermanns Sache und der auch als Kornapfel bezeichnete Weiße Klarapfel hat nur eine geringe Lagerfähigkeit.

Apfelbäume bevorzugen wasserdurchlässiges, humusreiches, tiefgründiges, schwach saures Bodensubstrat. Während für weniger wuchsfreudige Viertelstämme Grundflächen von 15 bis 20 qm zur Verfügung stehen sollten, benötigen großkronige, hochstämmige Exemplare mindestens 40 bis 60 qm.

APRIKOSE

Dieses Obstgehölz kann sowohl eine Strauch- als auch eine Baumform haben. Bei der Aprikose besteht fast alljährlich die Gefahr, dass ihre oft schon Ende März erscheinenden Blüten nächtlichen Frösten zum Opfer fallen. Um dem etwas entgegenzuwirken, sollte man sie an einen vollsonnigen, sehr warmen, windgeschützten Standort platzieren, der sich vorzugsweise im Regenschatten einer Hauswand befindet. Letztere strahlt reichlich Wärme ab. Pro Aprikosenpflanze muss eine Grundfläche von 8 bis 10 qm zur Verfügung stehen. Außerdem benötigt sie einen nährstoffreichen, humosen, gut wasserdurchlässigen Boden, der durchaus einige faustgroße (Kalk)steine enthalten kann (diese wirken als natürliche Drainage). Pro Jahr verabreicht man der Aprikose eine Mineraldünger-Gabe.

ARONIABEERE

Bei den Aroniabeeren, auch als Apfelbeeren bezeichnet, handelt es sich um bis zu 2 m hohe Sträucher, die sich als frosthart und robust erwiesen haben. Am wohlsten fühlen sie sich auf sonnigen bis habschattigen Standorten, die ein leicht humoses Bodensubstrat aufweisen, das feucht sein sollte. Stehen sie dauerhaft oder längere Zeit zu trocken, vermindert sich der Ernteertrag und sie beginnen zu kümmern. Deshalb ist es ratsam, diese Beeren bei länger andauernden sommerlichen Hitzephasen kräftig zu gießen. Einmal pro Jahr wird eine mineralische oder organische Düngergabe verabreicht. Außerdem sollten die Sträucher im Herbst einen Pflegeschnitt erhalten, der zu ihrer Kräftigung beiträgt. Die Erntezeit erstreckt sich von Mitte August bis Ende September.

BIRNE

Seit ein paar Jahrzehnten birgt die Kultivierung von Birnenbäumen leider oft Probleme. Grund dafür ist der Birnengitterrost, eine Krankheit, gegen die es bisher noch kein wirksames Gegenmittel gibt. Es handelt sich dabei um einen mikroskopisch kleinen Pilz, der rostfarbige Flecken auf den Blättern verursacht und vor allem vom Stinkwacholder übertragen wird.

Birnenbäume benötigen vollsonnige, geschützte Standorte, mit einem wasserdurchlässigen, humusreichen, sich leicht erwärmendem Bodensubstrat. Im Frühling sollten sie eine einmalige Gabe Mineraldünger, gut verrotteten Stallmist oder Hornspäne erhalten. Diese Gabe wird auf der Baumscheibe verteilt. Wie bei Äpfeln gibt es auch Winterbirnen, die eine gute Lagerfähigkeit aufweisen.

BROMBEERE

Natur-Brombeeren besitzen Stacheln, die das Pflücken mitunter ein wenig erschweren. Wen die Stacheln stören, sollte bei einer Neupflanzung auf eine stachellose Sorte, wie etwa die Thornless Evergreen, zurückgreifen.

Brombeeren fühlen sich an sonnigen bis halbschattigen Standorten am wohlsten. Diese sollten lockeres, humusreiches sowie leicht feuchtes Bodensubstrat aufweisen. Im Frühjahr wird als Dünger Komposterde um die „Füße" dieser Pflanzen verteilt. Außerdem erhalten sie pro Jahr eine mineralische Düngung. Des Weiteren hat es sich bewährt, Brombeeren an einer Kletterhilfe, vorzugsweise an einem Spalier oder einer Pergola, in die Höhe zu leiten.

ERDBEERE

Von der Erdbeere existieren zahlreiche Sorten, deren Früchte sich in Reifezeit, Färbung und Geschmacksintensität unterscheiden. Die Pflanzung erfolgt im August. Dabei werden die Erdbeeren in Reihen platziert, deren Abstände etwa 50 cm betragen. Innerhalb der Reihe sollten die Abstände 30 cm groß sein.

Erdbeeren fühlen sich auf vollsonnigen Standorten am wohlsten. Der Boden muss tiefgründig, locker, sehr humusreich und leicht feucht sein. Erdbeeren entziehen dem Boden große Nährstoffmengen, weshalb man das Beet zwei Mal pro Jahr düngen sollte. Außerdem treten bei zu geringer Wasserversorgung stärkere Ertragseinbußen auf. Ab der dritten Vegetationsperiode ist der Ertrag aus „Altersgründen" ebenfalls rückläufig, weshalb man dann das Beet besser umbricht.

HASEL

Die Hasel, von der es grün- und weinrotlaubige Sorten gibt, wird oft Haselnuss genannt. Ungeachtet, dass sich die Haselnuss durch große Robustheit und Anpassungsfähigkeit auszeichnet, bevorzugt sie sonnige, windgeschützte Standorte mit lockerem, humusreichem, leicht feuchtem Boden. Beim Pflanzen ist zu berücksichtigen, dass die flachwurzelnde Hasel nicht zu tief in die Pflanzgrube gesetzt wird. Um die Baumscheibe bringt man jährlich ein Mal Falllaub oder Grünschnitt als organischen Dünger aus. Wird dagegen zu viel mineralisch gedüngt, bleiben die verholzenden Teile länger weich und „schießen ins Kraut", anstatt Früchte anzusetzen. Wenn im Sommer der Boden stark austrocknet, ist es im Interesse einer guten Ernte ratsam, den Strauch zu gießen.

HEIDELDBEERE

Die Heidelbeere, auch Kulturheidelbeere genannt, wird bis zu 2 m hoch. Der Abstand zu Nachbarsträuchern sollte mindestens 1 bis 1,5 m betragen. Heidelbeeren bevorzugen einen sonnigen Standort mit lockerem, humusreichen, feuchten Boden, dessen pH-Wert möglichst zwischen 3,5 und 5 liegt. Um einen solchen pH-Wert zu erreichen, bietet es sich an, den Boden vor der Pflanzung kräftig mit Erlenzäpfchen, Torf, geschredderter Eichenrinde oder -laub zu durchmischen. Dagegen mag die Heidelbeere keinen Kalk oder kalkhaltigen Dünger.

Heidelbeeren reifen nicht gleichzeitig, weshalb mehrere Pflückdurchgänge erforderlich sind. Um die Früchte vor „Dieben aus der Vogelwelt" zu schützen, kann man den Strauch mit einem feinmaschigen Vogelschutznetz umhüllen.

HIMBEERE

Von der Himbeere gibt es Sorten, die gelbe, rote oder schwarze Früchte hervorbringen. Am wohlsten fühlt sie sich an sonnigen, windgeschützten Standorten mit einem lockeren, humusreichen, vorzugsweise schwach saurem Bodensubstrat. Auf Staunässe reagieren Himbeeren oft mit Wurzelfäule. Wenn möglich, verteilt man im Frühjahr an den „Füßen" der Pflanzen reichlich Komposterde. Zusätzlich erhalten sie im Mai eine Mineraldünger-Gabe.

Himbeeren werden in Abständen von 30 bis 50 cm gepflanzt und an Zäunen, Pergolen oder Spalieren in die Höhe geleitet. Weil die Ruten keine Strukturen besitzen, um sich selbst festzuhalten, fixiert man sie mit Bast oder Bindfaden. Unkräuter, die an den „Füßen" erscheinen, sollte man jäten statt weghacken, da Himbeeren oberflächennahe Wurzeln haben.

JOHANNISBEERE

Von der Johannisbeere existieren Sorten mit champagnerfarbigen, roten und schwarzen Früchten. Dabei kann man zwischen strauchförmigen und hochstämmigen Exemplaren wählen. Letztere bieten die Vorteile, dass sich aufkommendes Unkraut an ihren „Füßen" besser beseitigen lässt und das Pflücken der Früchte in einer angenehmeren Höhe erfolgen kann.

Johannisbeeren sind robust und sehr ertragssicher. Am wohlsten fühlen sie sich an vollsonnigen Standorten mit einem lockeren, humosen, leicht feuchten Bodensubstrat. Bei Neuanpflanzungen ist zu beachten, dass die Oberkante des Wurzelballens nicht mehr als 5 cm mit Erdreich überdeckt ist. Der Abstand zueinander sollte bei strauchförmigen Sorten mindestens 1,5 und bei hochstämmigen Sorten 1,2 m betragen.

KIRSCHPFLAUME

Fälschlicherweise wird die auch als Myrobalane bezeichnete Kirschpflaume oft für eine Mirabelle gehalten. Die Früchte dieses Gewächses haben jedoch eine glattere Haut als die Mirabelle und ihr Stein lässt sich schwerer lösen. Außerdem blüht diese Frucht 10 bis 20 Tage früher als die Mirabelle.

Die Kirschpflaume kann eine strauch- oder baumartige Wuchsform haben, wobei letztere bis 7 m Höhe erreicht. Je nach Sorte sind die zwischen Juni und August reifen Früchte (wein)rot, schwarzviolett oder gelb. Im Vergleich zu den roten und schwarzvioletten Kirschpflaumen enthalten die gelben weniger Saft.

Kirschpflaumen mögen am liebsten vollsonnige, windgeschützte Standorte, mit einem sich schnell erwärmenden, tiefgründigen, nährstoffreichen Bodensubstrat.

PFIRSICH

Vom Pfirsich existieren zahlreiche Sorten, die sich unter anderem durch die Form ihrer Früchte und die Färbung des Fruchtfleisches unterscheiden.

Pfirsichbäume werden bis zu 8 m hoch. Sie benötigen warme, windgeschützte, sonnige Standorte mit einem feuchten, aber trotzdem gut wasserdurchlässigen, humusreichen Bodensubstrat. Für die im Frühjahr durchzuführende Düngung verwendet man am besten ein Gemisch aus Komposterde und Hornspänen, welches man auf der Baumscheibe verteilt.

Die Wurzeln des Pfirsichs sind recht konkurrenzschwach, weshalb kein Unkraut auf der Baumscheibe wachsen darf. Um den Pfirsich zu unterstützen, ist es deshalb ratsam, nach der Düngung die Baumscheibe mit Rindenmulch abzudecken.

Die Pflaume, auch Hauspflaume oder Zwetschge genannt, kann als Hochstamm 5 bis 10 m groß werden. Deshalb eignen sich für Kleingärten die weniger wuchsfreudigen Niedrigstämme, denen eine Grundfläche von etwa 10 qm genügt.

Pflaumen benötigen sonnige, windgeschützte Standorte mit einem sich schnell erwärmenden, humushaltigen, nährstoffreichen Boden. Jährliche Gaben eines kalkhaltigen Düngers begünstigen den Fruchtansatz.

Die Mirabelle wird auch Gelbe Zwetschge oder Gelbe Pflaume genannt. Ihre Ansprüche an Standort, Bodensubstrat und Düngung entsprechen weitgehend denen der Pflaume. Im Vergleich zu diesen haben die Früchte der sehr saftigen Mirabelle einen milderen und süßeren Geschmack. Sie erreichen ihre Vollreife zwischen August und September.

Rechts: Hauspflaume

Unten: Mirabelle

QUITTE

Die Quitte gehört zu den Kernobstgewächsen und kann eine strauch- oder baumartige Wuchsform haben. Am besten gedeiht sie auf tiefgründigen, nährstoffreichen Böden, die sich in sonnigen bis halbschattigen Lagen befinden.

Beim Erwerb sollte man sich nicht von den Bezeichnungen Apfel- beziehungsweise Birnenquitte irritieren lassen. Die jeweiligen Früchte schmecken weder nach Äpfeln noch Birnen, sondern weisen lediglich eine Form auf, welche einer der beiden Obstarten ähnelt.

Zwischen Oktober und November werden die Früchte der Quitte reif. Diese besitzen eine sattgelbe Schale, die einen pelzig wirkenden Überzug hat. Aufgrund ihrer Härte eignen sich die fein-bitter schmeckenden Früchte kaum zum Rohverzehr, jedoch gut zur Gelee- und Likörherstellung

Apfelquitte

SAUERKIRSCHE

Sauerkirschen werden gelegentlich auch als Weichseln bezeichnet und können sowohl die Form eines Strauchs als auch eines Baums haben. Wenngleich dieses Gehölz im Extremfall bis zu 10 m Höhe erreicht, bleiben die meisten Sorten deutlich kleiner, weshalb ihre Wuchshöhe zumeist 1 bis 3 m beträgt.

Im Vergleich zur Süßkirsche ist die Sauerkirsche etwas robuster und anspruchsloser. Sie gedeiht auch auf nährstoffärmeren Böden, die einen relativ hohen Sandanteil aufweisen, noch sehr zufriedenstellend. Sauerkirschen sollten pro Jahr ein bis zwei Düngergaben (Mineraldünger oder Hornspäne) erhalten.

Bei Sauerkirschen tritt häufiger die als Spitzendürre bezeichnete Monilia-Krankheit auf. Betroffene Zweige sind sofort bis weit ins gesunde Holz abzuschneiden und zu verbrennen.

STACHELBEERE

Die Sorten der Stachelbeere unterscheiden sich vor allem in der Form, Größe und Färbung ihrer Früchte. Bei Neupflanzungen kann man zwischen hochstämmigen und buschförmigen Exemplaren wählen. Der Standort sollte sich vorzugsweise in der Vollsonne befinden und über ein nährstoffreiches, humoses Bodensubstrat verfügen, das immer ein wenig feucht ist. Außerdem ist es ratsam, Stachelbeeren zwei Mal pro Jahr eine organische oder mineralische Düngergabe zu verabreichen. Die Früchte neigen schnell zu einem sehr sparrigen Wuchs. Um diesem entgegenzuwirken, muss man die einzelnen Exemplare im Oktober/November kräftig rück- und ausschneiden. Dabei sind alle Triebe zu entfernen, die nach innen wachsen, zu dicht stehen und kaum noch Früchte angesetzt hatten.

SÜßKIRSCHE

Je nach Sorte variieren Süßkirschen in Reifezeit, Größe, Geschmack und Färbung ihrer Früchte. Bei Neupflanzungen gilt es zu bedenken, dass hochstämmige Süßkirschbäume oft 7 bis 10 m emporwachsen und aufgrund ihrer üppigen Kronen eine Grundfläche von 50 bis 80 qm benötigen. Deshalb sollte man in kleinen Gärten den weniger wuchsintensiven Viertel- oder Halbstämmen den Vorzug geben.

Das Bodensubstrat muss humos, nährstoffreich und immer schwach feucht, jedoch nicht staunass sein. Ein bis zwei Mal pro Jahr düngt man die Süßkirsche mit Hornspänen oder einem Mineralstoffgemisch. Beim jährlichen Baumschnitt und dem damit verbundenen Hantieren/Klettern am/im Baum sollte man berücksichtigen, dass deren weiches Holz schnell abbrechen kann.

WALNUSS

Bei der Walnuss handelt es sich um einen Baum, der bis zu 30 Meter hoch wird und eine üppige Krone bildet. Deshalb sollte man bei einer Neupflanzung eine Grundfläche von 100 bis 140 qm veranschlagen. Die Walnuss benötigt einen humosen, tiefgründigen, leicht feuchten, vorzugsweise kalkhaltigen Boden, der sich an einem warmen, sonnigen windgeschützten Standort befindet. Im Frühjahr sollte eine Düngung mit Kompost oder Hornspänen erfolgen. Im Unterschied zu den meisten anderen Obstgehölzen erfolgt bei der Walnuss kein (jährlicher) Rückschnitt.

Die Walnuss sollte man nicht in der Nähe von Terrassen/gepflasterten Wegen platzieren, denn im Laufe der Zeit entwickeln ihre Wurzeln oft viel Kraft. Dann kann es passieren, dass diese die Terrasse/den Weg anheben.

WEIKI

Die Weiki wird auch als Bayernkiwi bezeichnet. Sie ist frosthart und mag sonnige Standorte, wobei ihr „Fuß" etwas kühler stehen sollte. Der Boden muss kontinuierlich leichte Feuchte aufweisen und reichlich Humus, aber nur mäßig Kalk enthalten. Um den hohen Nährstoffbedarf der Weiki zu decken, sollte an ihren Füßen zwei Mal jährlich Komposterde ausgebracht werden. Dieses Obst ist zweihäusig. Das bedeutet, es gibt sowohl männliche als auch weibliche Exemplare. Um Früchte zu erzielen, sollte man diese im Verhältnis 1:5 anpflanzen. Des Weiteren benötigt die Weiki eine Kletterhilfe, beispielsweise in Form eines großflächigen Spaliers. Anders als Kiwis besitzen die Früchte der Weiki, die man im Oktober/November erntet, eine glatte, zum Verzehr geeignete Schale.

Weinreben benötigen unbedingt einen vollsonnigen, warmen Standort mit lockerem, gut wasserdurchlässigem Bodensubstrat, das möglichst sehr kalkhaltig ist. Je mehr Sonne Weinreben erhalten, umso süßer schmecken ihre Früchte. Außerdem muss eine Kletterhilfe, wie etwa ein an der Hauswand angebrachtes Spalier, für diese wuchsfreudigen Pflanzen vorhanden sein.

Im Frühjahr sollte man Weinreben möglichst mit Komposterde düngen. In ihr ist weniger Stickstoff enthalten, der bei dieser Pflanze Blattkrankheiten fördert. In kälteren Gebieten sollte man vorzugsweise sehr frühe Rebsorten kultivieren, um so ein Ausreifen der Früchte zu gewährleisten. Die reifenden Trauben kann man zum Schutz vor Wespen- und Vogelfraß mit Netzen oder alten Gardinen umhüllen.

KONSERVIEREN

Um die Haltbarkeitsdauer von Lebensmitteln zu verlängern, werden im Haushalt verschiedene Verfahren angewendet. Zu diesen gehören das Einfrieren, Einwecken, Trocknen, Einsalzen, Einlegen in Ethanol, Konservieren in organischen Säuren und Ölen sowie das Ausnutzen der konservierenden Eigenschaften von Zucker.

Die ideale Temperatur für den Gefrierschrank liegt bei -18 Grad Celsius

Gemüse blanchieren

Zahlreiche Gartenkräuter eignen sich zur Zubereitung eines leckeren Kräuterquarks

EINFRIEREN

Beim Einfrieren erreicht man durch Temperaturabsenkung in den Minusgrad-Bereich einen weitgehenden Stillstand der biochemischen Vorgänge, die in den Nahrungsmitteln ablaufen. Gleichzeitig werden schädigende Mikroorganismen daran gehindert, ein Verderben der Lebensmittel zu bewirken.

Im Rahmen des Einfrierens treten so gut wie keine geschmacklichen Veränderungen bei den Nahrungsmitteln auf. Fleisch und Fisch sollte man vorzugsweise langsam auftauen, am besten im Kühlschrank, damit möglichst viel Flüssigkeit in den Zellen verbleibt. Im Unterschied dazu ist bei Obst und Gemüse ein schnelles Auftauen anzuraten, um Vitaminverluste zu minimieren sowie die Vermehrungsrate von Mikroorganismen zu reduzieren.

Sowohl Obst, Gemüse als auch Kräuter wäscht man vor dem Einfrieren gründlich und trocknet es/sie anschließend ab. Einzufrierendes Gemüse sollte zuvor entweder blanchiert oder verzehrfertig zubereitet werden.

Unter Blanchieren versteht man, dass das Gemüse kurzzeitig in kochendem Wasser gegart und anschließend in Eiswasser „abgeschreckt" wird. Dadurch bleibt es knackig und behält die Farbe. Für diejenigen, die verzehrfertiges Gemüse favorisieren, bietet sich die Zubereitung von größeren Mengen an, die anschließend in Einzel- oder familiengerechten Portionen eingefroren werden. Selbstverständlich kann man bei der Zubereitung von verzehrfertigem Gemüse auch gehackte Kräuter hinzufügen. Dabei stellt Petersilie eines der wichtigsten Kräuter dar. Sie trägt nicht nur zur geschmacklichen Verfeinerung des Gerichtes bei, sondern wertet dieses auch optisch auf. Nicht umsonst behauptet der Volksmund, dass das „Auge mitessen" würde.

Auch bei zahlreichen Kräutern, die man zuvor zerkleinern sollte, ist ein portionsweises Einfrieren empfehlenswert. Dabei kann man nur eine Kräuterart portionieren oder Mischungen herstellen. Letztere (die sich beispielsweise aus Schnittlauch, Dill, Basilikum und Borretsch zusammensetzen) lassen sich unter anderem für die Zubereitung von Kräuterquark verwenden.

Wer im tiefsten Winter gern einen Tee aus nahezu erntefrischen Kräutern trinken möchte, braucht darauf nicht zwangsläufig zu verzichten. Allerdings muss man hierfür im Frühjahr/Sommer frische Kräuter/Blüten, beispielsweise von Pfefferminze oder Linden, (am besten) portionsweise einfrieren.

Tee aus erntefrischen Kräutern. Aber auch im Winter braucht man auf nahezu erntefrische Zutaten nicht zu verzichten.

Oft wird behauptet, dass man Pilzgerichte nicht aufwärmen soll. Das trifft jedoch nur bei falscher Lagerung zu, wenn dieses 1 bis 2 Tage normaler Raumtemperatur ausgesetzt ist. Friert man stattdessen das Gericht unmittelbar nach dem Abkühlen ein, steht einem späteren Verzehr (der durchaus erst nach Wochen erfolgen kann) nichts im Wege. Vor dem Verzehr legt man das Gericht am besten im gefrorenen Zustand in eine Pfanne und erwärmt es auf die gewünschte Temperatur.

Zum Einfrieren vorgesehene Nahrungsmittel wickelt man entweder in Alu- oder geschmacksneutrale Kunststofffolie ein oder füllt sie in handelsübliche Gefrierbeutel beziehungsweise Kunststoffgefäße. Aus Umweltschutzaspekten hat sich die letztgenannte Variante als besonders vorteilhaft erwiesen, weil sich die Gefäße mehrmals verwenden lassen. Oft ist es nicht einmal notwendig, dafür spezielle Gefäße zu kaufen. Stattdessen lassen sich Verpackungen verwenden, in denen sich zuvor beispielsweise Margarine oder Speiseeis befanden.

EINWECKEN

Bei dieser auch als Einkochen bezeichneten Methode werden vorbereitete Nahrungsmittel in gesäuberte Gläser gegeben, die anschließend mit einem Deckel verschlossen und erhitzt werden. Durch die Hitzeeinwirkung, verbunden mit dem Unterbrechen der Sauerstoffzufuhr durch den Verschluss der Gläser, werden Mikroorganismen abgetötet. Die so konservierten Lebensmittel sind abschließend lange (oftmals mehrere Jahre) haltbar. Neben dem Einwecken von Gemüse und Obst (Kompott) lassen sich auch Erzeugnisse tierischen Ursprungs einkochen, wie beispielsweise selbst hergestellte Kaninchen-Leberwurst.

KANINCHEN-LEBERWURST

- 1 kg Kaninchenfleisch ohne Knochen, z. B. von Bauchlappen, Brust, Läufchen und Kopf
- 2 kg fetter Schweinebauch
- 500 g Kaninchenleber; steht nicht genügend zur Verfügung, ergänzt man durch Schweineleber
- 70 g Kochsalz
- 8 g weißer, fein gemahlener Pfeffer
- 10 g getrockneter, fein gerebelter Majoran
- 2 g fein geriebene Muskatnuss

Kaninchenfleisch und Schweinebauch 1,5 Stunden in 2 l Wasser kochen. In einem zweiten Topf die klein geschnittene Leber 25 Minuten in etwa 500 ml Wasser köcheln. Danach Leber und Fleisch aus den Töpfen nehmen, abtropfen lassen und durch die feinste Lochscheibe wolfen.

Die gewolfte Masse mit den restlichen Zutaten vermengen und unter ständigem Rühren so viel Fleischkochwasser hinzugeben, bis diese eine breiige, jedoch nicht auseinanderlaufende Konsistenz erhält. Anschließend die Wurst in Gläser füllen, diese mit Deckeln verschließen und 2 Stunden in kochendes Wasser stellen.

Die Zubereitung von Marmeladen, Konfitüren und Gelees kann man als eine Sonderform des Einweckens ansehen.

Dabei werden die Marmeladen, Konfitüren beziehungsweise Gelees zunächst zubereitet und anschließend im heißen Zustand in Gläser gefüllt. In diesen Erzeugnissen fungiert Zucker als zusätzliches Konservierungsmittel. Deshalb dauert es auch länger, bevor diese Produkte nach dem Öffnen der Gläser zu verderben beginnen.

Zum Kochen von Marmeladen, Konfitüren und Gelees bietet der Handel Gelierzucker in den Varianten 3:1, 2:1 und 1:1 an. Das bedeutet, dass man zu 3, 2 beziehungsweise 1 kg Früchten etwa ein 1 kg Gelierzucker hinzufügen muss. Oft wird der 3:1-Gelierzucker als Konservierungsmittel favorisiert, weil dadurch das Produkt nicht übermäßig süß schmeckt und außerdem das Fruchtaroma intensiver zur Geltung kommt.

Gegenüber industriell produzierten Marmeladen, Konfitüren und Gelees besitzen selbsthergestellte den Vorteil, dass sie weder „Streckmittel", wie Johannisbrotkernmehl noch Farb- oder sonstige Zuschlagstoffe enthalten. Deshalb schmecken sie in aller Regel deutlich besser. Nachfolgend drei Rezepte:

SAUERKIRSCHKONFITÜRE MIT EIERLIKÖR

- 2 kg entsteinte Sauerkirschen
- 1 kg Gelierzucker 3:1
- 300 ml Eierlikör

400 g Kirschen werden halbiert. Die restlichen Früchte mit einem Passierstab zerkleinern und mit Zucker und Likör in einen Kochtopf geben. Diesen Ansatz bringt man unter ständigem Rühren zum Kochen. Anschließend lässt man ihn 4 bis 5 Minuten köcheln, wobei der Alkohol entweicht, ohne dass der Eierlikörgeschmack verlorengeht. Danach die halbierten Kirschen hinzugeben und 20 Sekunden aufkochen. Zum Schluss erfolgen die Gelierprobe und das Einfüllen in Gläser.

LINDENBLÜTEN-GELEE

- 200 g frische Lindenblüten
- 600 g Gelierzucker 3:1
- 2 Limetten, Saft von
- 1 l Wasser

Lindenblüten kurz in kaltem Wasser waschen. Mit dem Wasser in einen Topf geben und kräftig aufkochen. Den Ansatz vom Herd nehmen und 30 Minuten „ziehen" lassen. Dann durch ein Leinentuch gießen. Die aufgefangene Flüssigkeit mit Zucker und Limettensaft in einen Topf geben und unter Rühren 3 Minuten erhitzen. Nach erfolgter Gelierprobe in Gläser füllen.

KONSERVIEREN MIT HILFE VON ZUCKER

Ähnlich wie in der Marmelade fungiert Zucker auch im Sirup als Konservierungsmittel. Außer dem Zucker sind zur Sirup-Zubereitung noch Fruchtsaft oder ein Blütenaufguss (umgangssprachlich als Tee bezeichnet) und gegebenenfalls zusätzliche Gewürze erforderlich.

MÄDESÜß-SIRUP

- 500 g frische gewaschene Mädesüß-Blüten
- 1 l Wasser
- 1 kg weißer Zucker
- 2 in Scheiben geschnittene Orangen
- 20 g Zitronensäure

Alle Zutaten in einen Topf geben und bei schwacher Hitze 15 bis 20 Minuten kochen. Danach durch ein sehr feines Haarsieb gießen und nach dem Abkühlen in Flaschen füllen. Die Flaschen mit einem Korken oder Schraubdeckel verschließen.

Sellerieblätter eignen sich gut zum Einsalzen

EINSALZEN

Das Einsalzen gehört neben dem Trocknen zu den ältesten Konservierungsmethoden der Menschheit. Aufgrund der modernen Kühltechnik, die in den vergangenen 60 Jahren in nahezu jeden Haushalt Einzug gehalten hat, geriet das Einsalzen etwas in Vergessenheit. Allerdings bieten eingesalzene Kräuter und Suppengrün den Vorteil, dass sie sich sehr genau dosieren lassen. Das ist bei Gefriergut nicht immer der Fall. Stattdessen lassen sich von zusammengefrorenen Kräutern/Suppengrün zuweilen nur Stücke ablösen, die nicht exakt der gewünschten Menge entsprechen.

Durch das Einsalzen wird die Flüssigkeit in den Gütern in einen Zustand versetzt, der ein Verderben ausschließt beziehungsweise auf sehr lange Zeit verzögert. Diese Tatsache basiert darauf, dass die schädlichen Mikroben die salzhaltige Flüssigkeit weitestgehend meiden/sich aus dieser zurückziehen. Voraussetzung ist allerdings, dass das Salz die Nahrungsgüter gleichmäßig und vollständig durchdringt.

Für Liebstöckel- und Sellerieblätter, die häufig beim Kochen Verwendung finden, bietet sich das Einsalzen durchaus an.

Die frisch geernteten Blätter wäscht man und zerkleinert sie mit dem Wiegemesser. Anschließend füllt man eine etwa 2 cm dicke Schicht in ein verschließbares Glas, gibt einen gestrichenen Teelöffel Kochsalz darüber und schüttelt den Inhalt kräftig durch. Danach füllt man erneut eine 2 cm dicke Kräuterschicht ein, gibt Salz darauf und schüttelt das Glas erneut durch. Das Ganze wiederholt man so lange, bis das Glas nahezu komplett gefüllt ist. Zum Schluss wird es mit einem Deckel verschraubt und in den Kühlschrank gestellt, dessen Temperatur etwa 4 Grad beträgt. Alternativ lässt sich diese Konserve auch in einem kühlen Keller lagern, wo sie ein Dreivierteljahr lang nicht verdirbt.

Zu beachten ist, dass man Gerichte, die mit eingesalzenen Käutern gewürzt werden sollen, nicht zuvor salzt, weil dieses schon in reichlicher Menge in den Kräutern vorhanden ist. In analoger Weise lässt sich auch Suppengrün (bestehend aus kleingeschnittenen Karotten, Knollensellerie, Sellerieblätter, Porree und Kohlrabi) herstellen und lange Zeit im Kühlschrank/Keller aufbewahren.

TROCKNEN

Getrocknete und zerstoßene Pfefferminze

Das Trocknen basiert auf einem erheblichen Flüssigkeitsentzug in dem Nahrungsmittel. Dieser Feuchtigkeitsentzug findet vorwiegend ohne künstliche Wärmezufuhr statt.

Anders als bei Obst hat es sich bei zahlreichen Blüten und Blättern nicht bewährt, diese in der prallen Sonne zu trocknen, weil sie sich dabei recht unappetitlich verfärben. Besser ist es, die Trocknung an einem schattigen Platz, beispielsweise unter einem Vordach oder in einem Raum mit Zimmertemperatur durchzuführen. Dabei erweisen sich eine intensive Luftzirkulation oder sogar Gegenzug als vorteilhaft, da dadurch das aus dem Nahrungsmittel austretende Wasser weggetragen wird.

Zum Trocknen eignen sich primär Kräuter, die später als Bestandteile von Tee oder zum Würzen von Speisen fungieren, sowie verschiedene Obstarten und Pilze.

Als Transportbehälter für Pilze eignet sich am besten ein Korb

Getrocknete Pilze

Letztere werden zumeist in der Natur gesammelt. Als Sammelbehälter eignen sich Körbe sehr gut, weil sie eine gute Luftzirkulation ermöglichen, während Kunststofftüten, aber auch Stofftaschen aus Baumwolle, Leinen oder Jute weniger günstig sind. In den Kunststofftüten beginnt das Sammelgut zu „schwitzen" und in den Stofftaschen wird es stärker gedrückt als in einem Korb.

Unabhängig davon, ob die betreffenden Güter aus dem Garten oder der Natur stammen, sollte man immer bestrebt sein, diese so schnell wie möglich zu trocknen.

Für die Trocknung werden die Nahrungsmittel möglichst klein (und am besten auch dünn) geschnitten. Auf diese Weise vergrößert man die Gesamtoberfläche, sodass pro Zeiteinheit mehr Wasser austreten und verdunsten kann. Gleichzeitig erweist sich ein rascher Trocknungsprozess fast immer als vorteilhaft, weil sich dadurch der Verlust von Aromen und ätherischen Ölen (die in vielen Blüten und Blättern vorhanden sind) verringert.

Als Trocknungsfläche eignet sich ein ausrangiertes Gaze-Fenster sehr gut. Dieses wird über zwei Holzböcke oder Stühle gelegt und das Sammelgut (falls

Trocknen von Kräutern auf einem Gazerahmen

es sich um Blüten und/oder Blätter handelt) wird in einer höchstens 2 cm starken Schicht darauf ausgebreitet, damit von allen Seiten ausreichend Luft daran gelangt.

Pilzstücke sollte man stets nur in einer Schicht ausbreiten, wobei es sich bewährt hat, wenn die einzelnen Stücke (zumindest während der ersten 2 bis 3 Trocknungstage) einander nicht berühren. Bei Pilzstücken praktizieren manche Menschen noch eine Zusatztrocknung: Sobald sie einen sehr guten Trocknungsgrad erreicht haben, werden sie etwa 30 Minuten in den auf 60 Grad vorgeheizten Backofen geschoben. Nach dem Abkühlen füllt man die Stücke in ein verschließbares Aufbewahrungsgefäß aus Glas, Keramik oder Kunststoff.

Steht kein Gazerahmen zur Verfügung, kann man Nahrungsmittel zum Trocknen auch auf Butterbrotpapier ausbreiten. Bei vielen krautigen Pflanzen, wie etwa Pfefferminze, besteht außerdem die Möglichkeit, sie als kleinere Bündel zum Trocknen auf einer Leine oder an einem Spalier aufzuhängen.

Obst, wie etwa Pflaumen, Aprikosen und Weintrauben, lässt sich sowohl im Freien, in einem luftigen Raum, im Backofen oder in einem handelsüblichen Dörrautomaten trocknen. Dem Trocknen im Freien oder in einem Raum sollte aus energetischer und aus Umweltschutz-Aspekten immer der Vorzug gegeben werden.

Dörrpflaumen

Beim Trocknen im Freien werden Fruchtstücke oder ganze, zuvor möglichst entsteinte Früchte an einem vollsonnigen Platz auf einer Wachstuchunterlage oder einen Gazerahmen verteilt. Um zu vermeiden, dass Vögel und/oder Insekten an den Früchten fressen, schützt man diese durch ein feinmaschiges Netz. Letzteres ist so anzubringen, dass es keinen Kontakt zu den Früchten hat.

Aus Äpfeln lassen sich sogenannte Apfelringe herstellen. Dazu muss man die Äpfel, nachdem sie geschält und die Kerngehäuse ausgestochen wurden, in schmale Scheiben schneiden. Diese fädelt man auf eine dünne Schnur, damit von allen Seiten Luft daran gelangt.

Beim Trocknen im Backofen werden die Obststücke auf einen Blatt Backpapier ausgebreitet und einer Wärmezufuhr von 45 bis 50 Grad ausgesetzt. Die Backröhrentür schließt man dabei nicht völlig oder öffnet sie in Abständen, damit das austretende Wasser entweichen kann. Vom Grundprinzip ist die Arbeitsweise eines handelsüblichen Dörrautomaten mit einem Umluftbackofen vergleichbar.

Getrocknete Apfelringe

Getrocknete Früchte sind in der kalten Jahrezeit nicht nur ein toller Vitamin-Snack, sondern können auch im Tee oder Punsch verwendet werden

KONSERVIEREN MIT HILFE VON SÄUREN

Organische Säuren, allen voran Essigsäure (die umgangssprachlich oft nur als Essig bezeichnet wird), haben eine konservierende Wirkung, weil sie schädigende Mikroorganismen in Wachstum und Vermehrung hemmen oder gar abtöten, falls die Säurekonzentration hoch genug ist.

Essig kommt unter anderem beim Einlegen von Gurken und Gemüse, wie etwa Mixed Pickles, zum Einsatz. Letztere lassen sich problemlos nach individuellen Vorlieben zusammenstellen. Nachfolgend vier Beispielrezepte:

BLITZGURKEN

Blitz- oder Schüttelgurken, zu deren Ansatz Essig erforderlich ist, erinnern in ihrem Geschmack ein wenig an Gurkensalat.

- 1 kg frische geschälte Gurken
- 50 g Zucker
- 1 EL Salz
- 1 Messerspitze Pfeffer
- ½ Teelöffel Senfkörner
- 2 kleine Zwiebeln (Durchmesser 2 bis 3 cm)
- 50 g fein gehackter frischer Dill
- 1 TL fein gehackte frische Borretschblätter
- ½ Tasse 5- bis 10-prozentiger Kräuteressig

Gurken in 2 bis 3 cm dicke Scheiben schneiden und mit den restlichen Zutaten in ein Glas geben. Dieses mit einem Deckel verschließen. Das Glas kräftig durchschütteln und in den Kühlschrank stellen. In der Folgezeit das Glas mehrmals täglich schütteln. Nach einer Woche sind die Schüttelgurken „reif" und können verzehrt werden. Ungeachtet dessen kann man sie auch 6 bis 8 Wochen im Kühlschrank aufbewahren.

MIXED PICKLES

- 1 sehr klein zerteilter Blumenkohl
- 1 von Kernen befreite und in Scheiben geschnittene rote Paprikaschote
- 1 von Kernen befreite und in Scheiben geschnittene gelbe Paprikaschote
- 250 g in Scheiben geschnittene Karotten
- 1 cm langes Stück Meerrettich, in dünne Scheiben geschnitten
- 250 g Grüne Bohnen
- 150 g unzerteilte, geschälte Perlzwiebel
- 150 g in Streifen geschnittener Sellerie
- 3 Lorbeerblätter
- 1 gestrichener TL schwarze Pfefferkörner
- 1 gestrichener TL rote Pfefferkörner
- 1 gestrichener EL Senfkörner
- 1 l Weinessig
- 750 ml Wasser + mehr zum Kochen
- 150 g weißer Zucker
- 2 gestrichene EL Salz

Außer Zwiebeln und Meerrettich das Gemüse mit dem Salz in einen mit Wasser gefüllten Topf geben und 5 Minuten köcheln lassen. Dann durch ein Sieb gießen und kurz mit sehr kaltem Wasser „abschrecken". Gewürze, Meerrettich und Zwiebeln auf Schraubgläser verteilen und das gegarte Gemüse hineinschichten. Aus dem Essig, den 750 ml Wasser und dem Zucker einen Sud kochen. Mit diesem, im noch kochenden Zustand, die Gläser auffüllen und danach sofort verschließen. Nach 3 bis 4 Tagen die Gläser öffnen und den Sud vorsichtig in einen Topf gießen. Danach den Sud erneut aufkochen. Anschließend wieder über das Gemüse gießen, die Gläser verschließen und in einen kühlen, dunklen Raum stellen. Nach einer Woche ist das Gemüse „durchgezogen". Ab diesem Zeitpunkt kann es verzehrt werden.

SAURE BOHNEN

Frische grün- oder gelbschalige Bohnen 2 Minuten in Wasser kochen. Bohnen aus dem Kochwasser nehmen, abkühlen lassen und vertikal in verschraubbare 750 ml fassende Gläser füllen, in denen sich bereits zwei kleine geschälte Zwiebeln, 2 gestrichene EL Senfkörner und 4 bis 5 Stängel Bohnenkraut befinden. Parallel dazu aus folgenden Zutaten einen Sud kochen:

- ¼ l 5-prozentiger Essig
- ¾ l Wasser
- 3 gestrichene EL weißer Zucker
- anderthalb gestrichene EL Kochsalz

Den kochenden Sud in die Gläser gießen (bis diese fast randvoll sind) und mit einem Deckel verschließen. Nach 2 bis 3 Wochen sind die Bohnen „durchgezogen" und können gegessen werden.

SAUERKRAUT

Die Gärungsvorgänge, die bei der Herstellung von Sauerkraut stattfinden, werden durch das Wirken von Milchsäurebakterien möglich. Nachfolgend ein Rezept zur Herstellung von Sauerkraut:

- 5 kg Weißkohl, aus dem die Strünke herausgeschnitten wurden
- 70 g Kochsalz
- 15 g Kümmelkörner
- 50 g frischer feingehackter Dill
- 1 Karotte, in sehr dünne Scheiben geschnitten
- 15 Wacholderbeeren
- 4 Lorbeerblätter

Weißkohl in feine Streifen schneiden, mit dem Salz vermischen und so lange mit den Händen kneten, bis Flüssigkeit heraustritt. Anschließend alle restlichen Zutaten untermischen. Das Ganze in einen großen Steinguttopf (Gurkentopf) füllen und kräftig feststampfen. Über den Topf eine Folie legen und diese mit einem Gummi fixieren. Den Topf in eine Wanne stellen, um die beim Gärungsprozess austretende Flüssigkeit aufzufangen. Diesen Ansatz etwa eine Woche lang in einen dunklen Raum stellen, in dem die Temperatur 18 bis 25 Grad beträgt. Während dieser Zeit das Kraut täglich zwei Mal mit einem Quirl nach unten drücken, sodass sich immer Flüssigkeit darüber befindet. Nach einer Woche ist das Sauerkraut „reif" zum Verzehr.

KONSERVIEREN MIT ETHANOL

Ethanol, das umgangssprachlich fast nur als Alkohol bezeichnet wird, hat sich ebenfalls als sehr effektives Konservierungsmittel erwiesen, da es Mikroorganismen abtötet. Dabei ist die abtötende Wirkung umso besser, je höherprozentig das Ethanol ist. Im Rahmen der Selbstversorgung wird Ethanol gern zum Ansetzen von Likören und Rumtöpfen verwendet. Dabei lassen sich zumeist Spirituosen kreieren, die mitunter optisch nicht so attraktiv aussehen, wie industriell hergestellte Waren. Aber dafür weisen sie oft einen deutlich besseren/intensiveren Geschmack auf. Nachfolgend zwei bewährte Likör- und ein Rumtopfrezept, die sich großer Beliebtheit erfreuen.

SCHWARZE JOHANNA

Ein aus Schwarzen Johannisbeeren hergestellter Likör wird häufig als „Schwarze Johanna" bezeichnet. Er stellt einen Klassiker unter den hausgemachten Likören dar, und das bereits seit Jahrzehnten. Schwarze Johanna wird gern als „Verdauer" oder als „genüssliches Gläschen" in gemütlicher Runde getrunken.

- 250 g frische, reife Schwarze Johannisbeeren
- 1 mehrfach zerschnittene Vanilleschote
- 0,7 l Wodka (38 %); ersatzweise Doppelkorn
- 180 g weißer Zucker

Alle Zutaten in ein verschließbares Glas geben und diesen Ansatz 4 bis 6 Wochen ziehen lassen. Gelegentlich schütteln, damit sich der Zucker schneller auflöst. Danach gießt man den Ansatz durch ein Küchensieb und füllt den Likör in Flaschen.

PFEFFERMINZLIKÖR

Neben der Gewöhnlichen Pfefferminze lassen sich auch andere Minzen, wie etwa Ananas-, Orangen- oder Apfelminze, zur Herstellung verwenden.

- 2 bis 3 je etwa 25 cm lange frische Pfefferminzstängel
- 0,7 l Wodka (38 %); ersatzweise Doppelkorn
- 130 g weißer Zucker
- 1 Zitrone mit Schale, in dünne Scheiben geschnitten

Der Ansatz gleicht dem der Schwarzen Johanna. Wer den „Pfeffi" etwas herber/süßer mag, reduziert/erhöht den Zuckeranteil im Ansatz.

RUMTOPF

Für einen Rumtopf eignen sich Erdbeeren, Weiße und Rote Johannisbeeren, Stachelbeeren, Himbeeren, Brombeeren, Weintrauben, entsteinte Pflaumen, Mirabellen, Aprikosen, Pfirsiche sowie entsteinte Süß- und Sauerkirschen. Dagegen sollte man auf Schwarze Johannisbeeren verzichten, weil diese einen sehr dominanten Geschmack haben, der teilweise die Aromen anderer Früchte „überdeckt".

Der Ansatz erfolgt am besten in einem verschließbaren Glas, dessen Fassungsvermögen 2 bis 3 Liter beträgt. In dieses füllt man eine 1 bis 3 cm starke Schicht Früchte (die Schichtstärke ist im Wesentlichen davon abhängig, wie viele Fruchtarten integriert werden sollen). Diese bestreut man mit einem gehäuften Esslöffel weißen Zucker, schüttelt den Ansatz kurz durch und füllt anschließend so viel braunen Rum darüber, dass das Obst gerade bedeckt ist. Danach verschließt man das Glas, stellt es in einen warmen Raum und wartet, bis die nächste Fruchtart im Garten reif wird. Von diesen Früchten wird ebenfalls eine Lage in das Glas gefüllt, mit Zucker bestreut und abschließend mit Rum bedeckt. In gleicher Weise verfährt man mit den nächsten Früchten, bis letztlich das Glas komplett gefüllt ist. Nach dem Einfüllen der letzten Früchte sollte man den Rumtopf mindestens sechs Wochen „ziehen lassen", bevor eine Entnahme von Früchten erfolgt.

TIPP:

„Reifer" Rumtopf lässt sich zu einer hervorragend schmeckenden Konfitüre verarbeiten. Dazu wird ein Teil der Früchte samt Flüssigkeit aus dem Glas entnommen und mit 3:1-Gelierzucker aufgekocht.

KONSERVIEREN MIT ÖL

Frische Kräuter und Gemüsestücke (wie etwa Paprika und Knoblauch) eignen sich zur Geschmacksverfeinerung von Ölen. Während sich diese im Öl befinden, übertragen sie Teile ihrer Geschmackstoffe.

Man kann entweder Ein-Komponenten-Öle (indem man zum Öl beispielsweise nur Basilikum gibt) oder Mischkräuter-Öle herstellen, die mit verschiedenen Kräutern versetzt werden. Generell sollte man Öle möglichst kühl und dunkel aufbewahren, um dadurch ihre Haltbarkeitsdauer zu verlängern.

KRÄUTERÖL

Ein einfaches Rezept, das sich beliebig anpassen lässt. Es eignet sich sehr gut zum Beträufeln von Salaten, als Dip für Brot oder Gemüse, zum Marinieren von Fleisch oder Fisch oder als aromatische Zugabe zu Pasta, Pizza und vielen anderen Gerichten. Genießen Sie den unverwechselbaren Geschmack und das Aroma der frischen Kräuter in Ihrem eigenen hausgemachten Kräuteröl!

- 500 ml Speiseöl, z. B. Oliven-, Sonnenblumen- oder Rapsöl
- 2 Stängel Rosmarin
- 1 Blatt Salbei
- 3 Blätter Zitronenmelisse
- ½ Stängel Zitronenthymian
- ½ Stängel Estragon
- 5 bis 7 Pfefferkörner
- 1 Chilischote

Alle Zutaten in das Öl geben und dieses in einem dunklen, kühlen Raum/Schrank mindestens 14 Tage „reifen" lassen.

TIPP:

In analoger Weise lässt sich auch Kräuteressig herstellen.

ORGANISATION IM ÜBERBLICK

Für eine erfolgreiche Selbstversorgung ist eine durchdachte Planung unerlässlich. Dieses Kapitel bietet anhand eines 500 qm großen Grundstücks einen praxisnahen Einblick in die Gestaltung eines Selbstversorger-Gartens. Zudem werden Jahresarbeitskalender für den gärtnerischen und tierhalterischen Bereich präsentiert, um eine effiziente Bewirtschaftung zu ermöglichen.

BEISPIEL FÜR EIN SELBSTVERSORGER-GRUNDSTÜCK

Wie bereits kurz erwähnt, weisen viele Grundstücke, die zur Selbstversorgung genutzt werden sollen, eine relativ kleine Nettofläche auf.

Um darauf hohe Erträge zu erzielen, muss man auch die Sonneneinstrahlung bestmöglich nutzen. Hierzu gruppiert man die Pflanzen in der Weise, dass nicht der Schattenwurf größerer Arten auf niedrigere Gewächse fällt. Des Weiteren sollte man nach ungenutzten „Toträumen" suchen. Beispielsweise kann man einen Geräteschuppen in einer Ecke des Grundstücks so aufstellen, dass an zwei Seiten keine Freiflächen mehr vorhanden sind. Durch eine derartige Flächeneinsparung gewinnt man schnell 2 bis 3 qm, was etwa einem halben Beet entspricht. Des Weiteren sollte man prüfen, ob wirklich alle Wege, die unproduktive Flächen darstellen, benötigt werden. In diesem Zusammenhang hat es sich als sinnvoll erwiesen, ein paar maßstabsgetreue Vergleichsskizzen (am besten auf Millimeterpapier) anzufertigen. Auf diese zeichnet man zunächst die unveränderlichen Gegebenheiten ein, wie beispielsweise das Wohnhaus, die Terrasse und den 15 Jahre alten Apfelbaum, der erhalten werden soll. Anschließend erstellt man für die Restflächen mehrere Varianten für die mögliche Anordnung der Beete/wirtschaftlich genutzten Flächen.

Nachfolgend ein Beispiel, wie ein etwa 500 qm großes Grundstück rational zu einem Selbstversorger-Garten umgestaltet wurde.

Auch auf kleinen Bewirtschaftungsflächen ist eine umfangreiche Selbstversorgung möglich

Legende zur Abbildung:

1. niedrige Hecke, z. B. Berberitze
2. Maschendrahtzaun, damit vom Süden so viel Sonne wie nur möglich auf das Grundstück fällt.
3. Gemüsebeete. Die dazwischen befindlichen Wege wurden nicht durchgängig angelegt, wodurch zusätzliche Fläche gewonnen wurde.
4. Kartoffelbeet
5. Erdbeerbeet
6. Rhabarber-Standort
7. Kürbis-Standort
8. Obstbaum 1 (Viertelstamm)
9. Obstbaum 2 (Viertelstamm)
10. Obstbaum 3 (Viertelstamm)
11. Blumenbeete
12. Blumenbeet mit hochstämmigen Beerensträuchern
13. Wege
14. Weinreben
15. Himbeerruten an Spalier, alternativ wäre auch Weiki möglich
16. Brombeeren an Spalier
17. Kompostplatz, kombiniert mit Lagerplatz für den Stallmist, der von den Kaninchen stammt
18. Zisterne
19. Kaninchenstall
20. Wirtschaftsschuppen, kombiniert mit Stroh- und Heulager

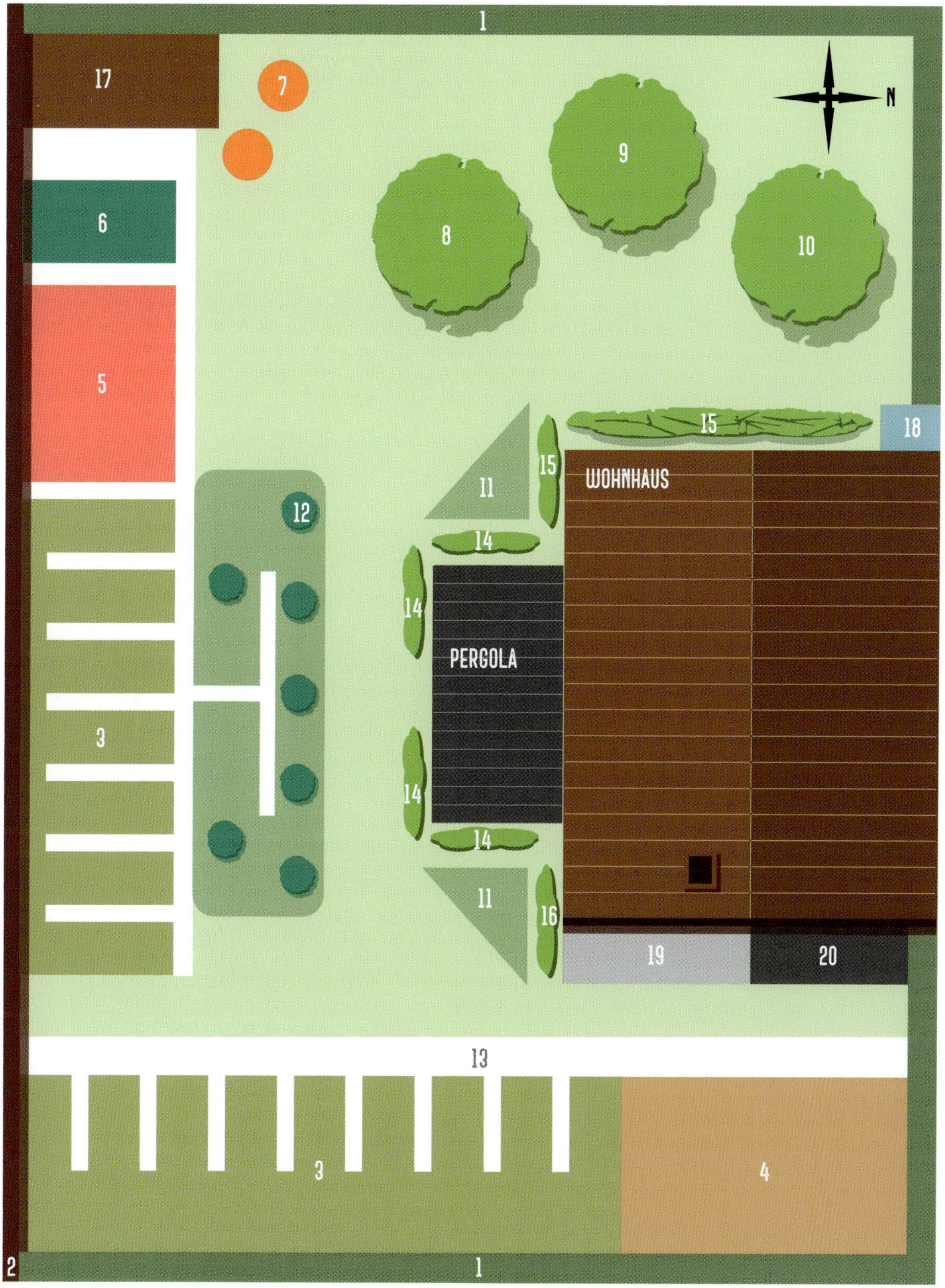
1
17
7
9
8
10
6
5
N
15
18
WOHNHAUS
11
12
14
PERGOLA
3
16
19
20
13
4
2

JAHRESARBEITSKALENDER FÜR DEN GÄRTNERISCHEN BEREICH

Januar/Februar/März	• Nachkauf, Neukauf, Reparatur von Gartengeräten/Utensilien • Erstellen eines Bepflanzungsplans • Beschaffung von Saatgut und mineralischem Dünger • Vorziehen von Pflanzen in Anzuchtbeeten • Ernten/Konservieren von überwintertem Gemüse, wie etwa Rosenkohl • ab März Beete umgraben und herrichten • Frostabdeckungen entfernen
April/Mai/Juni	• Aussaat/Pflanzungen • Düngung der Beete, Komposterde aussieben und ausbringen • Hacken, Unkraut jäten und gießen der Kulturen • Biologische Schädlingsbekämpfung • Ernte/Konservierung schnellwüchsiger Kulturen • Rasen mähen
Juli/August/September	• Jetzt ist Haupterntezeit für viele Kulturen • Hauptzeit für Konservierungsarbeiten • Weiterhin hacken, Unkraut jäten, gießen und düngen • Biologische Schädlingsbekämpfung • Rasen mähen
Oktober/November/Dezember	• Grobes Umgraben der Beete • Zusammenrechen des Falllaubs • Abdecken der kälteempfindlichen Arten • Gehölzschnitt • Geräte/Regentonne winterfest machen • Teile vom Schnittlauch abstechen und in Töpfe pflanzen (als Kraut auf der Fensterbank)

JAHRESARBEITSKALENDER FÜR DEN TIERHALTERISCHEN BEREICH

Tägliche Arbeiten	• Füttern, tränken • Tiere visuell auf Gesundheitszustand kontrollieren • Ställe und Haltungsutensilien kontrollieren • Eier abnehmen • Futterreste beseitige
Wöchentliche bis monatliche Arbeiten	• Stall- und Zubehörreinigung • Pflegearbeiten, wie etwa Krallenbeschneidung bei Kaninchen • Maßnahmen gegen Varroa-Milbe bei Bienen
Arbeiten in der warmen Jahreszeit bis Herbst	• Futter und Einstreu bevorraten • Stallmist auf Beeten untergraben • Honiggewinnung • gegebenenfalls Reparatur-/Instandhaltungsarbeiten an Ställen und Ausläufen • alle 2 bis 4 Jahre Kalkung des Hühnerstalls
Herbst und Winter	• Reduzieren der Tierbestände (Hauptzeit für Schlachtungen) • Planung des Zukaufs von Tieren • Gegebenenfalls schon vereinbaren, wer im Sommer die „Urlaubsvertretung" übernimmt)